KB077586

기초

중국요리

최송산·이경수·한진순 공저

序論

선진국을 향해 무섭게 도약하고 있는 거대한 나라 중국이 있다. 중국의 조리기술 또한 급속하게 발전해 오면서 이에 관한 수많은 전문지식과 교재자료는 지금의 전문조리사에게 많은 도움을 주었다. 일반인들의 외식문화수준이 점차 높아지면서 중국요리에 관한 더 많은 요구와 제의를 일어나, 조리업 종사자들에게도 새로운 변화가 생겨나게 되었다고 한다. 오늘날에는 중국의 각 지방 어디에서나 중국지방요리 책을 쉽게 구해 볼 수 있다. 이러한 발전을 통해 전통요리사와 현대요리사들의 조리방법을 시대의 흐름에 맞춰 변화시키기 위한 연구와 노력으로 지금도 중국조리기술은 '팽음왕국(烹飮王國)'이란 호칭으로 세계 미식가들에게 주목받고 있다.

중국요리는 같은 동양권이기에 우리들도 무척 즐기는 요리이다. 철팬, 국자, 찜통 등 간단한 도구만 준비되면 몇 백 가지의 요리를 조리할 수 있다하니 그 대단한 솜씨가 놀랍기도 하다. 넓은 중국 땅은 지역별로도 언어사용이 전혀 다르듯이 요리의 맛 또한 지역별로 매우 다르다. 다양하고 간단한 조리법, 강한 화력을 이용한 위생적이고도 영양이 살아 있는 과학적인 조리법은 언제 어디서든 누구나 좋아하는 음식을 만들 수 있게 되었던 것이다.

본서는 중식조리기능 실무실습자 양성을 위해 NCS를 기반으로 편성된 조리과정과 중국요리의 역사, 이론 및 중식조리기능사 실기문제를 수록했으며, 또한 자격증을 취득하고자 하는 중식전문 조리학과 학생들과 중식전문조리사들을 위해 NCS를 기반으로 제조과정을 상세하게 설명했다.

앞으로 부족하고 미비한 부분은 계속적으로 수정 보완해나갈 것을 약속드리며 본서를 통해 유용한 정보들을 많이 얻기를 바란다.

감사합니다!

저자 일동

次例

1부

중국요리의
이론

1. 중국의 음식문화

❶ 중국요리의 역사 및 유래

중국은 5천 년의 역사와 광대한 대륙을 갖고 있는 나라이다. 한민족(漢民族)의 주도하에 55개의 소수민족으로 구성된 나라로서 각각 요리의 종류만 해도 일만여 종이 넘고, 오래된 요리 역사를 갖고 있다. 요리에 관한 서적은 2천 년 전부터 출간된 바 있고, 각각의 요리들은 그 지방의 기후와 지리적 특성에 따라 다채로운 형태와 독특한 맛이 타의 추종을 불허한다.

예로부터 전해져 온 중국요리의 희귀한 식재료는 다양하고 종류도 많다. 그중에서 특히 육지에서 사는 동물 가운데 귀하게 여기는 8가지 재료를 팔진(八珍)이라 하는데 곰 발바닥(熊掌), 코끼리 코(象鼻), 낙타 혹(駱駝峯), 원숭이 골(猿頭), 표범의 태아(豹胎), 호랑이 무릎(虎膝), 숫사슴의 생식기(鹿鞭), 암사슴의 꼬리(鹿尾)를 말한다. 그 외에도 자라, 고양이, 비둘기, 들쥐 등 살아 있는 것은 무엇이든 요리의 대상으로 삼았다.

동양의 음양오행(陰陽五行)을 근본으로 도교(道敎)의 불로장생사상과 한의학 등이 연관되어 발전해왔으며 한의사 및 궁중요리사를 중심으로 요리법이 발전되어 '식의동원(食醫同源)'이라는 말을 굳게 믿고 있다. 따라서 요리사의 사회적 지위도 높아졌다. 은나라 시대에는 이윤(伊尹)이라는 궁중요리사가 재상(宰相)이 되기도 하였다. 재상 이윤은 『본미론(本味論)』이라는 요리책을 저술했으며, 궁중요리사로서 탕왕(湯王)에게 요리를 바친 것을 계기로 국정에 대한 건의를 했는데 이를 탕왕이 받아들여 그를 재상으로 등용했다한다.

이러한 이야기에서처럼 요리사가 음식의 맛과 지혜로서 당대 권력자의 측근에서 정치에 참여할 수 있었다는 것은 '음식의 나라'인 중국에서나 찾아볼 수 있는 일이라 하겠다. 요리 기술이 고대로부터 확립되었다는 사실은 은나라의 『본미론』, 송나라의 『중궤론』, 명나라의 『송씨존생』, 청나라의 『성원록』, 『수원식단』 등 수많은 요리책이 전해 내려오는 것에서도 알 수 있다. 이렇게 기록으로 전해 오는 왕실이나 귀족 요리와 함께 입에서 입으로 전해져 내려온 서민 요리와 한데 어우러져 중국요리가 더욱 발전하게 된 것이다. 만리장성을 쌓은 진시황제로부터 한방식(漢方食)이 시작되었고 가공식품도 먹기 시작했다고 전해진다.

이어 수당나라 시대에는 대운하가 건설되어 강남의 질 좋은 쌀이 북경까지 전달되어 북경 일대의 식생활이 풍요로워졌으며, 화북 지방에서는 식생활에 일대 혁명이 일어나기 시작했다. 물레방

아를 이용하여 제분을 하고 대량생산으로 서민들도 빵, 밀병 등을 만들어 먹기 시작했다. 페르시아 지방에서 설탕이 들어와 재배되기 시작한 것도 이 무렵부터이다. 식사는 1일 2식이었으며 조리는 원칙적으로 남자의 일이었다.

외국과 문화 교류가 활발하여 당송 시대에 와서는 조리법이 상당히 다양화되었다. 유목민족인 만주족(滿洲族)이 세운 청조 시대에 와서 중국요리가 크게 발달하여 특히 소, 말, 양을 주재료로 만든 요리가 발달했으며 지금도 북경의 양고기(羊肉)요리는 유명하다.

명조 시대의 궁중요리는 산동요리가 제일이었으며, 청조가 북경에 들어선 후에도 명조의 산동인이 만주인을 만족시킬 만큼 유명하여 지금도 산동요리는 널리 알려져 있다.

청조 제 6대 황제인 건륭제(乾隆帝)가 각 지방을 순회할 때, 그 지방의 요리를 음미했을 뿐만 아니라, 많은 요리사들이 궁중으로 몰려와 궁중요리를 더욱 발전시켰다. 그 중 양주(揚州) 출신인 요리사가 만주족이 좋아하는 사슴과 곰 등 야생 짐승의 고기와 양주사람이 좋아하는 어패류와 야채의 산해진미를 함께 배합하여 만든 것이 만족(滿族)요리와 한족(漢族)요리를 통합한 '만한전석(滿漢全席)'이며 최고의 진수 요리로 손꼽힌다.

천하의 진귀한 재료를 총망라하여 최고의 조리 기술로 맛과 영양의 극치를 추구한 '만한전석'은 그 후 궁중요리로 흡수되었다. 팔진(八珍)을 포함하여 중국 전역에서 모아 온 진귀한 재료로 만든 324종이나 되는 요리를 3일 동안 나누어서 먹었다고 한다. 요리를 먹는 사이사이에 탕과 면이 때를 맞추어 나오고, 간식과 요리의 배열이 알맞게 짜여 있어 맛을 충분히 음미하면서 자연스럽게 배를 불릴 수 있다. 술과 차도 최고급 명품으로 구미를 돋우고 소화를 도와 식사 후에도 속이 편안하다고 한다.

지금 북경에서는 청나라가 몰락한 후, 1925년에 궁중요리를 표방하는 고급 음식점 '방선(房膳)'이 문을 열어 '만한전석'의 전통을 이어가고 있다.

(1) 위진남북조 시대

위·진 시대에는 철제품의 발달로 중국 조리기구가 광범위하게 사용될 때였다. 조리방법이 20여 가지로 더 늘어났고, 이때에 볶음조리방법이 출현하면서 중국의 요리 발전에 큰 공헌을 했다고 한다. 『제민요술(齊民要術)』 등에 기재된 설명으로는 당시 요리의 가짓수가 200여 가지 이상이나 되었다고 한다. 유명한 요리로 곰찜요리(蒸熊), 오리요리(鴨霍), 순채죽(蓴羹), 사슴고기(鹿肉), 통돼지구이(炙豚), 통구이육(胡炮肉) 등이 있다. 그리고 당시에 검정콩(豆豉, dòu chǐ), 간장(醬, jiàng), 설탕(糖, táng), 꿀(蜜, mì), 소금(塩, yán), 식초(醋, cù), 파(葱, cōng), 생강(薑, jiāng), 고추(椒, jiāo), 술(酒, jiǔ) 등 조미료를 이용하여 요리의 감칠맛(咸, xián), 단맛(甜, tián), 매운맛(辣, la), 신맛(酸, suān), 달고 새콤한 맛(糖醋, táng cu), 맵고 신맛(酸麻, suān ma), 매운향 맛(辣香, là xiāng) 그리고 입안에서 도는 단맛 등 다양한 조미(調味)방법을 만들기 시작하였다.

(2) 수·당·송나라 시대

이전 시대를 계승하면서 중국요리는 한층 고도의 발전을 하게 되었는데 그 동기에는 몇 가지 주된 요인이 있다고 한다.

1) 명요리(名菜)로 인한 발달

수나라의 사풍(謝諷)이 쓴 『식경(食經)』과 당나라의 위거원(韋巨源)이 펴낸 『식단(食單)』에 따르면 새우로 만든 새우구이(光明蝦炙), 생선요리(鳳凰胎) 그리고 낙타봉 구이(駝峰炙), 낙타족 죽(駝峰羹), 사천(四川)의 태백오리(太白鴨), 신장(新疆)의 새끼양 구이(烤全洋) 등이 당시의 유명한 요리였다. 송대(宋代)에 『동경몽화록(東京夢華錄)』, 『몽량록(夢梁錄)』, 『무림구사(武林日事)』, 『산가청공(山家淸供)』에서 기재된 송씨가의 생선죽(宋五嫂魚羹), 군선갱(群鮮羹), 술 취한 새우(醉蝦), 술 취한 게(醉蟹), 생초폐(生炒肺) 등도 중국의 유명요리에 큰 영향을 주었던 것이다.

2) 요리 색상의 발전

당나라 시대에는 양고기, 돼지고기, 소고기, 곰고기, 사슴고기를 세심하게 조리 가공하여 5가지 냉채를 만들었고, 여러 가지 채소 및 육류로 만든 냉채로 한 폭의 그림을 만들기도 하였다. 송나라에 와서는 조리기술공예가 더욱 발전하여 큰 연회에서는 먹기 전에 눈으로 먼저 감상하여 식도락가의 구미를 더욱 돋울 수 있게 조리예술이 발전하였다 한다.

(3) 원·명·청나라 3대 시대

『청패류초(淸稗類鈔)』에서 말하기를 이 시대에 요리 만드는 곳에는 필히 특색을 가진 사람만 북경요리전문가(京師, jing shi)란 호칭으로 불렸으며, 이때부터 산동(山東), 사천(四川), 광동(廣東), 소주(蘇州), 복건(福建), 양주(揚州) 등 각 지방의 특별한 요리와 조리사가 분류되어 지방적인 요리가 형성되었다.

현대 조리기술과 요리의 발전은 1980년대 초기부터 시작됐으며 이 당시 중국의 조리기술이 제일 빠른 속도로 발전해왔다. 전통을 이어가면서 수많은 개선과 조리사의 노력으로 새로운 요리가 개발되었다. 교통문화의 발달로 식재료의 선택시간이 줄어들었고, 조리사들의 꾸준한 교류와 연구로 새로운 메뉴가 많이 개발되어 각 지방의 특징적인 요리에도 많은 변화를 가져다주었다. 특히 일반 평민의 생활이 좋아지면서 음식시장이 빠른 속도로 발전하게 되었다. 최근에는 각 지방에서 자신들의 특색 있는 전통요리와 기술을 가지고 전국에 더 큰 외식사업으로 진출하여 소비자들에게 더 많은 신개발요리를 선보이고 있다. 이 많은 전문요리점들이 중국요리를 발전시키는 데 중요한 역할을 한 부분이다.

2. 중국요리의 특징

중국요리의 탄생과 역사는 중국문명사와 같이 발달해온 동기라고 할 수 있다. 5천 년 전부터 중국에서는 고기구이(烤肉, kǎo ròu), 생선구이(烤魚, kǎo yu), 죽과 탕(羹湯, gēng tāng)이 출연하였다. 그래서 상·주 시대부터 진한 시대까지가 중국요리의 형성시기이고, 위진남북조부터 지금까지는 중국요리의 발전과 번영 시기라 할 수 있다.

상·주시기부터 진한시기는 요리의 생산 시기라 할 수 있으며 동식물의 원료, 조미료의 발달, 동(銅)제품 및 철제품의 기구(器具) 발달로 조리기술이 발전하여 중국 조리기술이 크게 12종류로 분류되었다고 한다.

① 炙(적)[zhì]: 烤肉 고기구이
② 羹(갱)[gēng]: 燒肉, 肉汁 진국
③ 脯(포)[pú]: 저며서 말린 고기, 말린 과실(육포)
④ 脩(수)[xiū]: 고기를 저며서 만든 반찬(절인 육포)
⑤ 醢(해)[hǎi]: 젓갈, 물고기 절임(고기로 만든 장류)
⑥ 臡(니)[ní]: 뼈 섞인 젓(육장)
⑦ 菹(저)[zū]: 채소 절임, 식초 따위로 겉절이 한 채소, 젓갈, 고기젓(소금으로 절인 육류, 채소)
⑧ 齏(제)[jī]: 회, 살(肉)을 잘게 썰어 날로 먹는 것, 양념, 파·부추 따위의 채소를 작게 다져 간장, 기타 조미료에 버무린 것(다진 파, 마늘, 생강)
⑨ 膾(회)[huì]: 잘게 저민 날고기(가늘게 썬 어채나 육채)
⑩ 鮓(자)[zhǎ]: 젓, 소금에 절인 어물(魚物), 해파리 해산물을 소금으로 절인 뒤 버무림
⑪ 杂燴(잡회)[zá huì]: 생선과 육류를 혼합하여 끓여서 만든 것
⑫ 濯(탁)[zhuó]: 끓는 물에서 끓이는 것(예: 닭죽을 끓인다)

❶ 광범위한 재료의 선택과 원활한 조리

중국요리에는 풍부하고 다양한 재료가 있다. 일반적으로 동식물로 조리하는 재료 외에도 산해진미를 사용한다.

> *예: 곰발바닥(熊掌, xióng zhǎng), 낙타봉(駝峯, tuó fēng), 낙타 발(駝蹄, tuó tí), 사슴심줄(鹿筋, lu jīn), 원숭이 골(猴頭, hóu tou), 제비집(燕窩, yàn wo), 상어지느러미(魚翅, yú chì), 생선 혀(魚唇, yu chún), 생선 부레(魚肚, yu dù), 해삼(海蔘, hǎi shēn), 어패류(貝, bèi), 죽순(竹筍, zhu sǔn). 꽃 종류에 목단(牧丹, mu dān), 국화(菊花, ju hua), 부용-(芙蓉, fú róng) 등. 곤충에 매미(蟬, chán), 누리(蝗, huáng chóng), 중약(中藥)에 동충하초(冬蟲夏草), 구기자(枸杞), 천마(天麻) 등

물론 이런 것들은 역사상의 상황이다. 지금은 야생동물 보호법에 의해 판매 금지된 재료가 많이 있어, 식탁에 오르지 못하고 있는 것도 있다. 두부, 두부피, 채소, 밀가루, 송화단 등이 중국요리에서 제일 많은 부분을 차지하게 되었다. 그래서 예전에는 서양 사람이 쓸모없이 버린다는 재료가 중국에서는 제일 선호하는 재료이기도 했다. 서양인은 닭발은 살점이 없어 배를 충족시킬 수 없고, 닭의 뼈와 닭털의 사용가치를 몰랐다고 한다. 그러나 중국인은 닭의 다리가 활동량이 제일 많고, 몸을 꾸준히 지탱할 수 있는 능력을 갖고 있다 하여 상당히 귀중하게 여기며 요리의 원료로 많이 사용하고 있다.

과학적으로도 중국요리는 합리적인 조리방법을 사용한다. 서양요리는 일반적으로 조리가 단순하다. 특이한 것은 조리할 때에 여러 가지 재료를 같이 볶지 않는다는 것이다. 스테이크를 먹을 때 한쪽 옆에 감자튀김 조금과 완두콩 약간을 담아주는데, 사실 큰 의미가 없다고 본다. 단지 분리해서 볶은 뒤 큰 접시에 나누어 담을 뿐이다. 반대로 중국요리에서는 주재료와 부재료의 궁합과 비율을 맞추어 조리하는 원칙을 따진다. 예를 들어 연한 것에는 연한 것으로, 진한 것은 진하게, 강한 것에는 강하게 하는 것이 일반적인 법칙이다. 그래야만 요리의 풍미, 색채, 구감, 영양을 결합시켜 여러 가지 풍부한 요리를 만들어내어 미식가들을 만족시킬 수 있다.

❷ 칼의 정교함과 맛의 다변화

중국요리는 조리 시 재료의 칼질을 중요시한다. 형태를 살리고, 보기 좋게, 조리를 용이하게 하여 간을 흡수시키는 것이 목적이다. 칼로 써는 기법도 다양한데 중국요리는 식품조각의 뛰어난 예술성도 그 특징 중 하나이다.

중국요리는 요리를 접시에 담아내는 방법 또한 다양한데 칼을 다루는 도공의 기술에 따라 다양하게 변화를 준다. 동일한 재료를 가지고 丁[dīng], 末[mè], 條[tiáo], 片[piān], 塊[kuài], 絲[sī], 段[duàn], 茸[róng], 泥[ní], 球[qiú], 丸[wán], 菊花形[ju hua xíng] 등 다양한 형태를 만든다. 그리고 어떤 형태든 크고 작은 모양은 동일하여야 하고, 길고 짧은 것도 물론 같아야 한다.

> *예: 감자채를 썰 때 먼저 얇은 편으로 썰어놓고, 잘 포개어서 다시 곱게 채를 쳐주어야만 조리를 할 때 양념간이 골고루 스며들어 맛도 좋고, 요리 모양도 깔끔하게 보인다.

재료에 칼집을 내는 것은 재료의 표면에 깊게 혹은 적당히 다양한 칼집 모양을 내어 조리가열 시 재료의 형태를 국화와 같은 꽃 모양으로 만드는 기술의 원리다. 그리고 통재료(예: 통닭)의 뼈를 제거하는 기술은 먼저 뼈와 심줄, 연골 부위를 이해하고, 상당한 기술력을 연마해야만 원료에 잔뼈가 붙어있지 않게 깨끗이 제거하고 원형을 보존할 수 있다.

어떤 사람들은 중식과 서양식을 비교할 때 서양식은 눈으로 먹는 요리이고, 요리의 색상과 장식을 중시하는 반면, 중식은 혀로 먹고, 요리의 맛과 향을 중요시한다고 한다. 이런 비교가 적절한지는 모르겠으나 확실한 것은 중국요리에는 영혼이 담겨 있다는 것이다. 같은 재료라도 조미료 사용법과 조리방법에 따라 요리의 맛이 달라지기 때문이다.

만약 동일한 방법으로 고기를 곱게 채 썰어서 조리 시 고기를 먼저 밑간 처리한 후 어향소스로 조리하면 매콤하고, 달착지근하고, 새콤하면서 향기가 도는 어향육사(魚香肉絲)가 되고, 소금 간으로만 조리하면 짭짤한 향이 도는 고기잡채가 되는 것이다.

만약 조기를 같은 방법으로 조리했을 때 먼저 소금, 두반장, 생강, 마늘, 식초를 넣어 만들면 진한 향이 돌고 뒷맛이 매콤하면서 달착지근한 간소황어(干燒黃魚)가 되고, 간장을 넣어 소금, 설탕으로 간을 하여 만들면 진하면서 달착지근한 맛이 나는 홍소황어(紅燒黃魚)가 된다. 그래서 중국요리에는 맛의 미는 다양하게 변한다는 뜻의 '백채백미(百菜百味), 일체일격(一菜一格)'이란 말이 있다.

3. 중국요리의 구성

중국요리의 메뉴는 매우 풍부하게 구성되어 있다. 얼핏 모든 메뉴 종류의 구성이 같아 보이지만 같은 내용이라도 서로 다르다. 각 지방요리 메뉴판과 지역구 메뉴판이 있다. 지역의 특산품에 따라 수산품, 축산, 가금류, 농산, 과실류 등으로 나누어지며, 민족(民族)요리로 한족(漢族), 만주족(滿洲族), 청진(淸眞)요리 등으로 분류되고, 그 외 사회(社會)요리로 분류된 궁정요리(宮廷菜), 관부요리(官府菜), 시사요리(市肆菜), 가상요리(家常菜) 등도 있다. 물론 같은 메뉴판에도 특정적인 것들은 완전히 독립된 것은 아니다. 그들은 상호교류를 통해 서로 참고로 하여 작성되었으며, 다만 분류된 목록만 다를 뿐이다.

(1) 궁정요리(宮廷菜)

궁정요리는 왕실과 봉건(封建)사회의 황제, 황후, 황자가 먹던 요리이다. 지금은 비록 역사상의 기록으로만 남아있는 요리이기도 하다. 궁정요리는 천하에서 제일 좋다는 진귀한 재료를 얼마든지 사용할 수 있으므로 재료 선택에 구애를 받지 않는다. 그런 만큼 재료를 까다롭게 선택한다. 또한 식사의 장소와 시간에 대한 법칙을 엄격히 따른다고 한다.

궁중에서 요리를 만드는 요리사는 전국에서 제일가는 요리사만 뽑아와 모든 요리를 완벽하게 만들어 황실요리의 면모를 보여주었다. 궁중요리사는 여러 분야로 나누어서 조리와 관리를 엄격히 하고 요리 하나하나에 정성을 담아 최고의 맛을 달성하기 위해 노력하였다. 그래서 궁정요리는 현대의 우리에게 많은 특정 요리를 남기게 되었고, 중요한 부분을 차지하게 되었다.

(2) 관부요리(官府菜)

관부요리는 봉건사회에서 관료들이 주로 이용하던 요리다. 재료 이용이 다양하고 기묘하다는 것이 특징이다. 우선 관료 간에 서로 경계심을 갖고 세력을 다투다 보니 요리의 조리법도 경쟁의 수단을 넘어 기법이 다양화 되었다. 그리고 궁정요리와 달리 음식을 먹는 방법과 재료 사용에 그다지 까다롭게 제한을 받지 않아서 더욱 다양한 요리가 발달할 수 있었다.

공부요리(孔付菜), 담가요리(譚家菜)는 관부요리의 대표적인 요리이기도 하다. 공부요리 중에 화염 궐어(花鹽鱖魚), 양두정(釀豆莛), 담가요리의 황민어시(黃燜魚翅), 청탕연채(淸湯燕菜) 등은 기묘하게 만든 명품요리이다.

(3) 사원요리(寺院菜)

사원요리는 도가(道家), 불가(佛家), 사원(寺院)의 채소위주로 만든 사찰음식이다. 사찰음식의 특징은 땅에서 나오는 재료를 바로 채취하여 사용한다는 것이다. 일반적으로 사원은 주로 산 속에 있어 교통이 불편하여 사원 주위의 나물이나 과실류를 음식의 주재료로 사용한다. 그래서 속담 중에 태산(泰山)에는 배추, 두부 그리고 물이라는 세 가지 미(美)가 있다 하였다. 그러나 이들도 특수한 채소류를 이용한 조리방법으로 닭고기 모양, 소시지, 생선 모양을 만들고 특수한 양념을 만들어 그 맛을 진(眞)맛이 나게 만들어 내기도 한다. 원매(袁枚)가 『수원식단(隨園食單)』에 쓴 글에 의하면 이때에는 사찰음식도 상당한 수준에 이르렀다고 한다.

(4) 민간요리(民間菜)

민간요리는 향촌(鄕村), 가상(家常)요리라고도 한다. 민간요리는 중국요리 메뉴의 중요한 부분을 이끌어 왔고, 중국요리의 뿌리이기도 하다. 민간요리의 특징은 먼저 재료 선택이 편리하며 조리하기가 쉽고, 모든 가정의 입맛에 맞게 한다는 것이다. 민간요리는 일반적으로 주위에서 쉽게 채취(採取)할 수 있는 재료를 사용한다. 바다가 가까우면 생선요리 위주로 가고, 강이나 호수에서는 민물 생선을 위주로 요리를 한다. 내륙지방에서는 축금(畜禽)요리 위주로 발달하여 "산이 가까우면 산에서 나는 것을, 물이 가까우면 물에서 나는 것을(靠山吃山, 靠水吃水)"이란 속담이 있다. 또한 각 지방의 특산품을 많이 이용하고, 조리방법도 각 지방의 기후, 환경, 습관과 풍습을 따른다. 그래서 중국의 음식문화를 이끌어온 중요한 요리이기도 하다.

(5) 전문식당요리(市肆菜)

시사채(市肆菜)는 전문음식점의 요리를 말한다. 전문음식점에서 조리하여 판매하는 음식차림표의 총칭이다. 시사채의 특징은 조리기술의 다양한 변화다. 메뉴 종류가 많고, 응용방법이 다양하면서 광범위하다. 시사채는 민간요리(民間菜), 관부채(官府菜) 그리고 역대 전통으로 내려온 궁중요리로 구성되었다고 본다. 그리고 본지방의 특색을 살린 요리 외에 외지(外地) 고객의 입맛을 맞추기 위해 기타 지방 특색의 요리도 만들어낸다. 전문화된 음식점도 개업을 주도하면서 전문 만두점, 오리점, 채식음식점, 양고기 전문점 등이 생겨났고 전문조리를 하는 조리사로 구성이 되어 미식가들에게 만족을 주고 있다.

그리고 민족요리(民族菜)도 있다. 민족요리는 중국의 많은 소수민족의 생활풍습과 종교적 신앙(信仰)에 의해 발달된 요리이기도 하다. 대표적인 예로 청진채(淸眞菜)를 들 수 있다. 청진채는 음식을 먹을 때 엄격한 규율(規律)을 지켜야하고 특히 재료선택에 특별히 신경을 써야 하기 때문에 심지어 어떤 재료는 사람이 선택을 못한다는 것들도 있다. 그래서 청진채는 조리의 품격을 지키고, 연회 규칙(規則)이 있는 민족채의 대표적인 요리라 할 수 있다.

4. 요리의 형성 및 특징

소위 일정한 지역 내에서, 조리의 기술, 원료의 사용범위, 요리의 특색 등 상호 간의 비슷한 특징으로 자의 혹은 타의에 의해 구분되어 온 조리계열과 분류를 중국요리의 채계(菜系)라 한다. 채계의 형성에는 아래와 같이 몇 가지 주요 요인이 있다.

(1) 지역 생산물의 제약

서로 다른 지역의 기후, 환경이 다르면 생산되는 원료의 품종도 차이가 많이 난다. 연안에서 많이 생산되는 생선과 새우로 蘇[sū](강소요리), 浙[zhè](절강요리), 閩[mǐn](복건요리), 粵[yuè](광동요리) 등의 지방요리가 크게 발달하게 되었고, 내륙지방의 湘[xiāng](호남요리), 鄂[è](호북요리), 徽[huī](안휘요리), 川[chuān](사천요리), 陝[xiá](협서요리)등의 지방요리는 가축을 이용한 요리가 풍부하다. 중국 북부지역은 소나 양과 같은 목축업이 발달하여 지금도 이런 음식이 식탁에 오르고 있다. 그래서 지리적인 환경과 기후와 지역의 특산품으로 요리의 계통이 분류되는 조건이 되어 왔다고 말할 수 있다.

(2) 정치 경제와 문화의 영향

요리계통의 분류에는 정치, 경제, 문화가 밀접하게 관련되어 있다. 휘양요리(淮揚菜)는 수당 시대 교통수단이 밀집하여 소금 운반의 집결지에 돈 많은 상인과 유명한 주방장들이 많이 거주하면서 발달하게 되었고 휘양요리(淮揚菜)의 풍미가 널리 알려지게 되었다 한다. 청나라 시대에는 양주(揚州)의 경제, 교통, 문화가 상당히 발달하여 휘양요리가 한층 발전하게 되었고, 전국에서 중요한 요리계열의 기초가 되었다. 광동요리의 주요 형성요인은 아편전쟁 후 중국문화의 개방으로 유럽, 미국 등 각국의 선교사와 상인들이 대거 들어오면서 서양요리 기술도 이때부터 입성하여 전파되었다 한다. 1930년대 광주(廣州)거리에는 수많은 상점이 형성되어 전문음식점 또한 성업을 이루어 웨차이(粵菜, yue cài)가 더욱 발전하게 되었다.

(3) 민속과 종교 신앙에 따른 습성

중국은 땅도 크고 인구도 많다. '백리마다, 천리마다 풍속이 다르다.(百里不同風, 千里不同)'는 중국의 속담이 있듯이 서로 다른 풍습과 습관이 음식문화에도 상당한 영향을 주어왔다.『청패류초(淸稗類鈔)』의 기록에 의하면 청나라 말기에는 북방 사람들은 파와 마늘을 즐겼고, 서방(사천지방)사람은 매운 것을 즐겼고, 남방(광동지방)사람은 담백한 것을 즐겼고, 동방 사람은 달착지근한 것을 즐겼다는 속담이 있다. 이러한 습성과 관습이 지금까지 이어지고 있다. 또한 중국은 종교가 많은 나라여서, 신앙하는 종교도 서로 달라 음식풍속에도 크게 영향을 미쳐왔다.

(4) 중국 지방요리의 구성

중국의 지방요리가 발달된 것은 우선 각 지방의 향토적인 맛과 그 지방의 요리사들의 연구 및 개발 능력과 밀접한 관계가 있고, 그 다음 소비자들이 즐겨 먹는 기회가 많아졌기 때문이다. 지방요리에는 구역성이 있어 소비자들이 요리를 한 지역 범위에서 집중적으로 즐겨 먹으면 사실상 그 지역은 분리된 지방요리라 볼 수 있다. 그 지역의 군중들이 현지에서 즐겨 먹은 요리에 애착을 갖고 고향의 맛에 젖어 자기들의 토지에서 생산하는 재료들을 귀중히 여겨 지역요리가 더욱 발전해 왔다.

요리의 계열에는 다양한 지방 풍미가 있다. 중국의 한 성(省)에서 한 지방요리의 특색을 찾으라면 한 지방에서도 또 다시 분리가 될 정도로 많아지게 된다. 이 중에서도 하나하나가 풍미다채(風味多彩)로운 요리 특색을 표현해 낼 수 있기 때문이다. 중국의 그 많은 지방요리의 특색을 전부 다 소개하기는 어려우므로 여기에서는 중요한 몇 가지만 소개한다.

1) 휘양채계(淮揚菜系)요리

휘양요리는 강소(江蘇), 상해(上海), 절강(浙江) 등 주변 지역의 호수, 강, 바다를 사이에 두어 기온과 토지가 좋아 각지에서 생산물량이 풍부하여 재료 선택 과정에 수산물을 많이 사용하는 특색이 있다. 조미방법도 청량하고 담백하고 진국의 맛과 본래의 맛을 감돌게 한다. 조리 전처리 작업에 제일 먼저 도공을 중요시하여 냉채부터 식품조각, 재료 재단에도 상당히 신경을 써서 絲[sī](사), 丁[dīng](정), 末[mè](말), 條[tiáo](조), 片[piān](편) 등 하나하나 손질과 써는 데 세심한 기술과 정성을 다한다.

조리 시에는 조리기(炖, dùn), 찌기(蒸, zhēng), 천천히 조리기(燜, mèn), 볶기(燒, shāo) 등의 조리법을 이용해 재료의 내용을 흩어지지 않게 살리면서 요리의 신선함과 고유의 맛을 보존하게 한다. 유명한 요리에는 용정하인(龍井蝦仁), 대자간사(大煮干絲), 사자두(獅子斗), 단초반(蛋炒飯), 동파육(東坡肉), 규화계(叫化鷄), 총유화수(葱油划水) 등이 있다.

2) 사천채계(川菜菜系)요리

장강(長江) 상류 주위의 사천지방을 중심으로 형성된 요리다. 이 지방의 요리는 광범위한 재료 선택으로 다양한 요리의 맛을 내는 것이 특징이다. 일반적으로 맛을 내는 가상미(家常味), 어향미(魚香味), 마라미(麻辣味), 산라미(酸辣味), 진피미(陳皮味), 마장미(麻醬味), 리치미(荔枝味), 마늘미(蒜泥味), 홍유미(紅油味), 훈제미(烟香味) 등이 있고, 조리기술 방면에서는 炸[zhà](튀기기), 煎[jiān](지지기), 溜[liu](걸쭉하게), 燜[mèn](조리기), 烤[kǎo](굽기), 그 외 화공의 소초(小炒), 간편(干煸), 간소(干燒) 등 특수한 조리기술을 이용한다. 이러한 특별한 조리방법은 더욱 풍부한 요리를 만들어 민간인들에게 사랑을 받아온 부처폐편(夫妻肺片), 봉봉지(棒棒鷄), 소용우육(小龍牛肉) 등과 유명한 큰 음식점에서 판매하는 가상해삼(家常海蔘), 간소어시(干燒魚翅), 장차압자(樟茶鴨子), 충초압자(虫草鴨子), 개수백채(開水白菜) 등과 대중 연회요리에서 사천요리로 더욱 유명한 어향육사(魚香肉絲), 마파두부(麻婆豆腐), 궁보계정(宮保鷄丁), 수자육편(水煮肉片), 간편선사(干煸鱔絲), 회과육(回鍋肉) 등이 있다.

3) 광동채계(粤菜菜系) 요리

광동(廣東), 광서(廣西), 해남(海南) 등 지방을 포함한 요리로 광동지방을 중심으로 한 요리다. 웨차이(粤菜)의 특징은 광범위한 재료 선택과 정교한 조리법이다. 요리의 맛이 담백하고 청량감을 주어, 타국적인 조리법도 많이 응용한다. 광동은 중국 남쪽에 위치하고 있어 기후가 온난하고 강수량이 충분하여 동식물의 성장이 매우 빠르고 원재료의 종류도 많다. 그래서 조리에 충분한 재료를 선택할 수 있는 조건을 갖추고 있다. 기후가 좋은 것도 주원인이 되어 요리의 맛이 단연 담백하게 느껴지지만 여기에도 뒷맛에는 아주 진하고 깊은 맛이 느끼지는 매력이 있다. 광동요리 중에 보탕류(煲湯類)가 대표적인 것이라 할 수 있다. 조리방법 중에 泡[pāo](끓이기), 扒[pá](삶기), 靠[kào](조리기), 焗[jú](찌기), 煎[jiān](지지기), 炸[zhá](튀기기), 煲[bāo](끓이기) 이 외 서양요리 조리에 반은 지지고, 반은 튀기는 방법과 먼저 지지고 후에 찌는 조리방법, 조미료 사용방법도 서양식 소스와 동남아일대의 특색 있는 소스를 사용하여 독자적으로 새로운 요리를 창안하여 소위 "먹을 거리는 광주에 있다(食在廣州)"는 미담을 듣고 있다. 특이한 요리로는 돼지새끼구이(烤乳猪), 대양부용새우(大良炒鮮奶), 오리튀김(脆皮鴨), 동강두부(東江釀豆腐), 소고기완자(爽口牛肉丸) 등이 유명하다.

4) 북경채계(魯菜菜系)요리

북경(魯菜)은 황하(黃河) 하류 지역의 북경과 산동지방 주변의 북방요리의 총칭이다. 북경의 특징은 조리 시 조미료 첨가방법을 상당히 중요시하는 것이다. 일반적으로 복합 조미방법을 사용하지 않는다고 한다. 예를 들어 짠 음식에는 짜게 간을 하고, 새콤한 요리에는 더욱 시게 만들고, 단 요리에는 더욱 달콤하게 간을 맞춘다. 그 외 장맛과 파향을 내는 것이 북경(魯菜)의 독특한 맛이라고 할 수 있다. 조리기술에서는 扒[bá](삶기), 爆[bào](빨리 볶기), 溜[liū](흐르게 볶기), 蒸[zhēng](찌기), 燒[shāo](졸여서 볶기) 등을 많이 사용하고, 그중에서 爆[bào] 조리법을 많이 이용한다. 불 사용에 강약을 중시하여 빨리 볶아내는 것이 특징이라고 볼 수 있다. 그래서 "강한 불에서 요리가 날아다니듯 볶아진다(菜在鍋中飛, 火在菜上燒)."라는 빠른 조리기술법이 많이 알려져 왔다. 爆[bào] 하는 방법도 다양하여 油爆[yóu bào](기름에 볶기), 火爆[huǒ bào](센불에 볶기), 湯爆[tāng bào](물에 볶기), 醬爆[jiàng bào](간장 볶기), 葱爆[chuāng bào](파 볶기) 등이 있다.

그 외 鍋塌[guō tā](팬에 지지기), 燒扒[shāo bā](걸쭉하게 졸이기)는 북경채계의 특색적인 조리법이기도 하다. 대표적인 유명요리는 북경요리(北京烤鴨). 양고기신선로(涮羊肉), 전복요리(鍋湯鮑魚盒), 홍소해삼(葱燒海蔘), 홍소전복(紅燒鮑魚), 제비집수프(淸湯燕窩), 왕새우조림(油燜大蝦), 상어지느러미요리(通天魚翅) 등이 있다.

5. 중국지방가상요리의 특징

중국인은 대륙지방에 살면서 북쪽부터 남쪽으로 분류되는 황하(黃河), 장강(長江), 주강유역(珠江流域)의 3대 문화 발상지다. 각 강에 따라 음식문화의 특색도 갖추어져 있기 때문이다. 정치, 경제, 문화, 민속 등의 차이와 더불어 각 지역의 조리사들이 기묘한 현지 특산품 식재료를 이용해왔고, 더 나아가 불로 조리하는 방법, 물로 조리하는 방법, 증기로 조리하는 방법 그리고 기름으로 조리하는 방법 등 각기 다른 조리법으로 각 지역에서 생산되는 특이한 고품질의 재료를 이용해 특별한 색채감과 재료 본래의 진미가 풍기는 요리를 만들어 내고 있는 것이다. 중국요리는 크게 동, 남, 서, 북으로 나누어 구분되어 있으며 이는 다시 4대 계통요리 및 8대 지방요리로 나뉜다.

세계 각국의 중국음식점에서는 중국요리를 8대 지방요리로 분류하여 전문 지방요리 간판을 내걸고 전통을 내세워 자랑하고 있다.

❶ 중국 8대 지방요리

(1) 북경요리(北京菜)

북경은 중국의 화북(華北)지구의 하북성(河北省)의 중부에 위치하여 중국 역대 고도(古都)가 이어져 온 지방으로 정치, 문화, 경제가 활발한 중심지이며 한족(漢族), 만족(滿族), 몽골족(蒙族)이 조직적으로 밀집하여 거주하며 각기 다른 민족의 음식문화가 상호 교류하여 발전된 요리다.

(2) 상해요리(上海菜)

호채(滬菜)라고도 한다. 상해요리는 옛 국제 항구도시로 노채(魯菜), 천채川(川菜), 월채(粵菜) 소채(蘇菜) 등 각 지방의 요리기술이 밀집되어 상호 교류하여 발전된 요리다.

(3) 강소요리(江蘇菜)

소채(蘇菜)라고도 한다. 소채(蘇菜)는 남경(南京), 양주(揚州), 소주(蘇州) 등 세 지방의 요리로 구성 되어 있다. 제일 중요시하는 것이 노탕(老湯)이다. 탕(湯)맛이 세월이 지나도 변함이 없는 것이 이 지방의 특징이라 할 수 있다.

(4) 절강요리(浙江菜)

절채(浙菜)라 하며 항주(杭州), 영파(寧波), 소흥(紹興) 등 세지방의 요리로 구성되어 있는 요리로 재료의 고유의 맛과 주재료의 향, 진국을 중요시하는 것이 특징이다.

(5) 사천요리(四川菜)

천채(川菜)라 하며 성도(成都), 중경(重慶) 등지의 요리로 형성되어, 산진야미(山珍野味)의 독특한 식재료가 풍부하다. 곰(熊), 사슴(鹿), 은이버섯(銀耳), 죽생(竹笙) 등과 검은콩(豆豉), 두반장(豆瓣醬), 자채(榨菜), 간장(醬油) 등 조리에 적절한 조미료 및 향신료가 유명하다. 간소(干燒), 간편(干煸) 등의 조리법이 유명하다.

(6) 호남요리(湖南菜)

상채(湘菜)라 하며 장사(長沙), 형양(衡陽), 상담(湘潭) 등 세 지방의 요리로 구성되어 있다. 호남채(湖南菜)는 장사의 대표적인 요리로 중국 역사상 봉건왕조(封建王朝)의 수도이며 정치, 경제, 문화 등 활동이 발달하여 음식기술 문화도 상당히 발전해왔다. 燻(쉰: 연기로 훈제한 요리)와 蒸(쩡: 찜요리), 煎(쩬: 지짐요리)가 유명하다.

(7) 복건요리(福建菜)

민채(閩菜)라 하며 복주(福州), 민남(閩南), 민서(閩西) 등 3개의 지방요리로 구성되는데, 복주(福州)지방의 요리가 대표적이다. 요리가 담백하며 달고 신맛과 탕 종류가 특색이며, 홍조(紅糟, 붉은 술)를 사용하여 조리하는 것이 특징이다.

(8) 광동요리(廣東菜)

월채(粵菜)라 하며 주요 지방은 광주(廣州), 조주(潮州), 동강(東江) 세 지방이다. 식재료를 광범위하게 사용하여 옛 주민은 새, 짐승, 벌, 뱀 등 못 먹는 것이 없을 정도로 식재료 선택과 조리방법이 다양하다.

계절에 따라 여름과 가을에는 맑고 담백한 것을 즐기고 겨울과 봄에는 진하고 순한 것을 즐긴다. 또한 요리를 살짝 볶아서 마무리로 기름을 다시 넣어 요리의 맛과 모양을 신선하고 부드럽게 만든다.

❷ 한국에 상륙한 대표적인 중국요리

중국요리가 한국에 처음 청요리(淸料理)로 알려지기 시작하여 대중음식으로 발전하게 된 것은 1950년대 후반부터였다. 처음에는 淸料理(청요리)라고 불리면서 고급음식점에서만 맛볼 수 있는 요리였으나, 지금은 일반 대중음식점에서도 맛볼 수 있게 되었다. 그 요인은 한국과 근접한 산동지방의 북방지역 요리사들이 한국에 정착하고, 그 후 화교 2세들이 그 전통을 이어받으면서 전통 중국요리가 한국인 입맛에 맞는 중국요리로 발전된 것이라고 볼 수 있다.

한국에서의 중국요리가 지금까지 발전하여 미식가들이 즐겨 먹게 된 동기라면 중국 동북지역의 대표적인 요리인 경로채(京魯菜, 북경·산동요리)를 들 수 있다. 중국에서의 경로채(京魯菜, 경로요리)는 특수한 요리기술과 특별한 음식진미를 모두 갖추고 있는 중국요리의 제일요리인 궁중(宮中)요리와 관부(官府)요리라 할 수 있다.

(1) 북경요리(京菜)

북경(北京)은 화북평원에 위치하고 있어, 황하유역에 인접한 지역으로 금(金), 여진(女眞), 원(元), 몽고(蒙古), 명(明), 한(漢), 청(淸), 만(滿) 등 역대(歷代) 왕조(王朝)가 있었던 지역으로 교통중심지이며 문명이 발달한 곳이기도 하다. 지금의 북경은 중화인민공화국의 수도이자 정치문명의 중심지이다.

수백 년 이어온 북경에 왕래한 수많은 객상과 인사들의 음식문화를 더욱 발전 시켰다고 한다. 예를 들어 중국 명나라 때 당시 금릉(金陵)에 금릉 오리구이요리(金陵片皮鴨)가 제일 유명한 요리로 알려졌는데, 명나라가 북경으로 천도하면서 북경오리(北京烤鴨)로 이름을 바꿔 더욱 유명해졌다는 유래가 있고, 생선의 조리방법도 원래는 강소(江蘇), 절강(浙江) 일대의 조리방법을 응용하였다 한다.

청나라 초기에는 많은 산동인들이 북경에 와서 관료직을 맡아 일하면서 산동요리도 대량으로 북경 주변에 생겨났다. 청나라 말기에 들어서면서 어선방(御膳房, 황실주방)에서 관료들이 즐기던 요리가 점차적으로 민간 음식점으로 유입되면서 궁중요리와 관부요리가 형성되었다 한다.

청진요리(淸眞菜)는 북경요리의 일부분으로 남아있다. 원나라 이후 북경 사람들은 양고기를 즐겼다고 한다. 그 후에 청나라의 건륭 시대에서는 양고기 연회가 생기기도 하여 이슬람교의 회족인(回族人)들을 신봉하기 위한 조리법도 많이 개발되어 지금까지도 이어지고 있다.

(2) 산동요리(魯菜)

로채(魯菜)는 산동요리(山東菜)라고도 한다. 산동은 중국 유가문화의 발원지이기도 하고 예전 중국 춘추전국시대 노(魯)나라의 공자(孔子)는 일찍이 그가 제의했던 '식불염정, 회불염세(食不厭精, 膾不厭細)'의 음식관에서도 말했듯이 음식을 만들 때 적절한 불의 사용과 조미료의 사용 그리고 위생 등을 중요시했고, 음식예의(飮食禮儀) 등에도 많은 조리지식을 공헌했다고 한다.

지금으로부터 2천 년 전 한나라 때 지금의 산동 조리기술은 상당한 위치에 도달하였다 한다. 중국의 기남에서 출토된 벽화에서 재료의 선택, 동물, 가금류의 도살방법, 동식물의 세정방법, 전처리과정, 절단 과정, 썰기 과정, 굽기와 쪄내는 과정 등이 상세히 기록되어 있고 조리조작 과정과 음식을 즐기는 연회 과정까지 보여주고 있다. 근 수백 년 이래 산동요리가 풍부한 조리기술 발전으로 제남(濟南)과 복산(福山) 두 지방의 대표적인 지방 요리로 분류되었고, 산동 곡부(曲阜, 공자의 고향)에도 관부요리가 발전하여 관부채(官府菜)가 형성되었다. 동시에 산동요리점이 북경에 진입하게 되었고 수많은 산동요리가 황실 궁중요리와 같이 북경궁중황실 요리인 어선(御膳)요리로 발전하게 되었다. 그 후에 황하 중하류에 위치한 지방도 산동요리의 영향을 받아 중국 이북지방까지 발전하게 되어 명실공히 북방의 대표적인 요리가 되어 북방요리(北方菜)에 이르렀다.

로채의 발전은 산동성의 풍부한 농수산물이 지역경제 조건보다 월등하게 좋기 때문이다. 산동

지역은 기온이 좋아 농수산물도 풍부하다. 동쪽으로 황해, 발해와 접하고 있어 이곳의 수산물 생산량은 전국에서 1~2위를 차지하고 있다. 청도(靑島)의 새우와 전복, 해삼, 도미, 조개류 등이 풍부하고 농업에서는 소맥, 용산(龍山)의 소미(小米), 연태(煙台)의 사과, 래양(萊陽)의 배, 귀주(貴州)의 산차, 노서(魯西)의 황소, 그리고 청도(靑島)의 맥주, 노산(嶗山)의 광천수, 용구(龍口)의 분사(粉絲), 동아(東阿)의 아교 등이 있다. 이러한 풍부한 자원제공으로 로채의 발전이 더욱 유명해졌다고 본다.

지금의 로채(魯菜)는 중요한 제남채(濟南菜)와 연해의 교동채(膠東菜), 복산채(福山菜) 등 지방요리 위주로 형성되어있다. 내륙에서는 지지고 볶은 요리에 적합한 금축류(禽畜類)를 많이 쓰고, 반도(半島) 연안에서는 해선류(海鮮類)가 발달했으며, 황하 또는 미산호(微山湖)에서는 수산물(水産物)을 이용한 요리가 발달하고 있다. 산동으로 많은 관광객과 미식가들이 몰려오고 있는 지금의 추세로 본다면 앞으로 로채는 더욱 발전할 것이라고 믿는다.

1) 경로채 조리특징

북경요리가 제일 중요시하며 요구하는 것이 품질관리다. 조리특징은 재료의 품질을 중시하며, 입에 신선한 맛을 돋우어주고, 화려하면서 풍부하고, 먹기 편하게 세밀한 칼집을 요구한다. 재료도 주로 산해진미(山海珍味)를 이용한다. (예: 사슴의 심줄, 원숭이머리버섯, 제비집, 상어 지느러미, 해삼, 새우, 선어, 털게, 면양, 신선한 야채, 오리 등)

그리고 각종 부재료를 이용하여 烤[kǎo](굽기), 爆[bào](센불에 볶기), 燜[mèn](조림), 炸[zhà](튀기기), 炒[chǎo](빨리 볶기), 烹[pēng](순간 볶기) 등 각기 다른 조리법으로 특유의 맛을 만든다. 그중에서 烤[kǎo](굽기)와 涮[shuàn](물로 데치기) 조리법이 많이 알려져 있다.

종합하여 정리하자면 청나라 말기에 궁중요리(御膳菜), 관부요리(譚家菜), 청진요리와 산동요리 등 4가지 요리를 기틀로 지금의 북경요리가 탄생되었고, 앞으로도 중국을 대표하는 요리로 발전하게 될 것으로 보인다.

로채에서 중요시하는 것은 부드럽게(嫩, nèn), 신선하게(鮮, xiān), 맑게(淸, qīng), 연하게(脆, cuì), 담백하게(純, hún) 맛을 내는 것이다. 재료의 선택이 풍부하여 튀기기(炸, zhà), 지지기(煎, jiān), 덮어 뿌리기(扒, pā), 걸쭉하게 빨리 볶기(溜, liū), 조리기(燜, mèn), 굽기(烤, kǎo), 졸여서 볶기(燒, shāo), 시럽 묻히기(拔絲, bá sī), 시럽조리기(蜜汁, mì zhī) 등의 조리법이 있다. 이 중에서 걸쭉하게 빨리 볶기(溜), 시럽 묻히기(拔絲)가 유명하다.

또한 로채가 더욱 강조하는 것은 육수를 만드는 방법이다. 맑은 탕(淸湯, qīng tāng)과 우윳빛(奶湯, nǎi tāng)을 특유의 비법으로 만들어 생선요리에서도 적절하게 이용하며, 또한 파 향을 조리에 이용하여 독특한 맛을 내는 것이 로채의 특유한 조리법이다. 이 외에도 로채는 풍부하고 완벽함을 자랑할 수 있는 공부연석(孔附筵席)이란 연회요리가 유명하다.

공부연석은 중국 산동성 곡부(曲阜)현의 공부(孔府)에서 각종 연회를 열어 이름이 붙은 요리다. 수백 년 전 공자의 후손들이 그곳으로 이주하면서 수많은 역대 대신들과 황족 친지들의 영접을 하여 엄숙한 제사(祭祀)를 거행하였고, 각종 크고 작은 연회를 베풀어 예의와 품격을 갖춘 풍부하고 다채로운 요리로 세인(世人)들에게 알려져 있다.

2) 북경·산동의 유명한 요리

북경요리로는 유명한 북경오리(北京烤鴨), 양고기신선로(涮羊肉), 전복요리(蛤蟆鮑魚), 상어 지느러미 요리(黃燜魚翅), 로한대하(羅漢大蝦), 돌솥양두(砂鍋羊頭), 초어볶음(醋椒魚), 제비집요리(淸湯燕窩) 등이 있다.

로채 요리로는 공부요리로 유명한 상어 지느러미(通天魚翅), 공부일품요리(孔府一品鍋), 신선오리요리(神仙鴨子), 관자요리(帶子上朝) 외 홍소해삼(葱燒海蔘), 홍소전복(紅燒鮑魚), 왕새우지짐(油燜大蝦), 활어 간장소스(醬汁活魚), 전복지짐(鍋塌鮑魚盒) 등 모두 미식가들에게 알려져 있는 요리다.

6. 요리명칭의 형성

중국의 수많은 요리는 모든 요리가 자기의 특징을 가지고 하나의 이름을 달고 탄생한다. 오늘날 조리기술이 나날이 발전하면서 새로운 요리가 매일 출현한다. 요리이름도 규정범위를 넘을 수밖에 없다. 하나의 좋은 요리 이름은 많은 사람에게 호감을 갖게 하여 식욕을 촉진해주는 작용을 한다. 또한 요리의 이름으로 기본적인 요리의 뜻과 내용을 알아볼 수 있다.

(1) 요리이름의 원칙

요리의 명칭이 탄생하는 데에는 손님 입장에서 바라보는 시각부터 시작하여 사람들이 음식에 감정이 담길 정도로 좋은 인상을 주는 데 원칙을 둔다. 요리의 명칭 명실상부(名實相符)를 추구하여 전체적으로 만족스러운 요리의 특색과 전모를 갖추어야 한다.

> *예: 蛙式鱸魚(개구리 모양의 농어요리)는 농어를 청개구리 모양으로 가공하여 연꽃잎에 올려놓고 부드러운 소스를 만들어 요리의 모양과 형태를 표현한 요리이다.

그리고 그 지방의 특징을 살려 표현한 요리 음운과 해, 문자로 표현한 요리 등이 있다.

(2) 요리이름이 정해지는 순서와 방법

요리의 이름은 종종 요리재료에 따라, 혹은 조리방법에 따라, 색채감에 따라, 재료의 생산지에 따라, 맛과 향에 따라 정해지며 그 형태와 특징을 살려 정한다. 어떤 경우에는 요리의 역사와 유래, 지방적인 특색도 크게 영향을 준다고 볼 수 있다. 요리의 이름이 정해지는 과정은 일정하지 않을 수도 있다. 두 가지 경우가 있다고 보는데, 하나는 먼저 요리의 이름을 구상하여 정하는 것과 또 하나는 요리의 근거를 삼아 새로운 요리이름을 정하는 것이다.

이러한 이름은 종종 고전(古典)과 음의 조합으로 나오기도 하고, 원료의 형태와 색상, 생산지, 그리고 조리방법에 따라 심사숙고 끝에 하나의 요리이름이 탄생되는 것이다. 요리이름은 조리과정을 근거로 모든 사람에게 깊은 인상을 심어주도록 원료, 맛, 색상, 질감, 조리방법 등과 지방의 습관을 고려하여 정해져야 한다. 다음은 일반적으로 자주 사용하는 방법이다.

1) 조리방법에 주재료를 넣어 형성된 이름

보편적인 명명 방법이다. 이러한 이름은 주재료와 어떤 조리방법으로 만들었는지 바로 반영이 되어 모든 사람들이 쉽게 알아볼 수 있게 한다.

*예: 軟炸口蘑(부드럽게 튀긴 버섯), 脆炸生蠔(바삭하게 튀긴 생굴)

2) 주재료와 부재료의 이름

주재료에 부재료를 혼합하여 만들어 주·부재료의 본래의 맛과 향을 그대로 표현하는 이름.

*예: 龍井蝦仁(용정차의 향과 새우의 맛을 같이 맛보는 요리), 蟹黃魚肚(꽃게알과 생선부레로 만든 요리)

3) 조미료와 주재료가 혼합된 이름

이것은 조미료와 주재료가 궁합을 맞춰서 낸 이름으로 주재료의 고유한 맛에 특징적인 소스를 가미하여 만든 요리이름이다.

*예: 蠔汁鮑魚(굴소스를 가미한 전복요리), 珈喱鷄丁(카레소스를 곁들인 닭고기요리).

4) 조리방법과 원료의 특징으로 창안한 요리이름

이것은 조리방법과 원료를 강조하는 요리이름으로 보는 사람이 원료를 한 단계 더 빨리 이해 할 수 있도록 돕는다.

*예: 湯爆双脆(끓는 물에 빨리 데쳐 연하게 만든 두 가지 요리), 油爆烏花(기름으로 빨리 볶은 오징어)

5) 색상형태와 주재료가 조합된 요리

이것은 주재료의 특징을 강조한 요리이름으로 보는 사람 입장에서 주재료의 색상과 형태를 주의 깊게 상기시켜 주는 요리이름이다.

*예: 壽桃豆腐(수도 모양으로 만든 두부요리), 水晶蝦(수정같이 맑게 만든 새우요리)

6) 인명, 지명과 주재료를 합친 이름

이것은 한 지방의 특색을 강조하는 요리로 그 지방 사람들에게 요리에 대한 애착을 갖도록 할 수 있는 이름이다.

*예: 德州扒鷄(덕주지방의 닭요리), 東坡扣肉(소동파 이름을 붙여낸 돼지삼겹살요리)

7) 주재료, 부재료와 조리법으로 명명된 이름

주재료와 부재료를 강조한 이름으로 조리방법으로 요리의 전모를 표현한 이름이다.

*예: 熘松子牛卷(잣을 곁들인 쇠고기 말이), 虫草炖鴿(동충초를 넣어 삶은 비둘기)

8) 단순히 형태를 모방한 이름

요리 모양을 어떤 형태에 비유한 이름으로 사람들의 호기심을 일으켜주며 요리의 예술성을 강조한다.

*예: 獅子頭(사자머리 모양의 고기요리), 松鼠魚(다람쥐 모양의 생선요리)

9) 채소로 표현한 이름

특정 채소(蔬菜)로만 만든 요리이다.

*예: 素餃子(채소로 만든 교자), 素魚丸(야채와 생선으로만 조리한 요리) 등

10) 과일과 기물에 따른 요리이름

과일과 당면 등으로 기물(용기)을 만들어 그 안에 요리를 담아서 만든 기물의 형태와 주재료와의

궁합을 뜻하는 이름이다.

> *예: 西瓜盅(수박을 조각하여 그 안에 음식을 넣어 표현하는 요리), 雀巢鷄球(당면, 감자로 새집을 만들어 그 안에 닭고기를 넣은 요리)

11) 모양과 주재료에 따른 요리이름

주재료의 질감과 특색을 강조하여 먹는 사람들의 식욕을 돋우는 요리이다.

> *예: 香酥鷄(향을 가미하여 튀긴 닭요리), 脆皮大蝦(바삭하게 튀긴 대하)

12) 주재료와 한약재(中藥材)로 표현한 요리이름

주재료와 한약재를 강조한 이름. 특별히 중약의 효능을 주지시켜 주면서 중국의 나라요리(國菜)인 의식동원(醫食同源)을 반영하는 요리이름.

> *예: 蟲草鴨子(동충초 오리요리)

13) 중국과 서양식이 합성되어 나온 이름

서양식의 원료와 조리방법을 강조한 요리이름으로 중국요리를 먹으면서 서양식 풍미를 즐긴다는 데서 나온 요리이름.

> *예: 吉力蝦排(왕새우칠리)

14) 기물과 주재료에서 발상된 요리이름

요리를 담아 가열할 수 있는 기물을 강조한 요리이름이다. 요리를 장시간 가열하여 끓여내 요리의 진하고 독특한 향을 맛볼 수 있다는 의미에서 나온 요리이름.

> *예: 沙鍋魚翅(돌솥냄비에 끓여낸 상어 지느러미 요리)

15) 시(詩)와 가곡(歌曲)으로 전해져 나온 이름

요리의 예술성을 강조하여 시곡(詩曲)을 지어 표현한 요리이름.

> *예: 百鳥歸巢(수많은 새가 둥지로 돌아온다는 요리작품)

16) 과장된 조리기술로 명명되어 나온 이름

조리기술을 인정받아 통과한 뒤 새로운 요리를 창안해 많은 사람들에게 특별한 감상을 심어 줄 수 있게 만든 이름.

> *예: 天下第一菜(세상에 하나밖에 없는 요리)

17) 행복과 평온에서 나온 요리이름

행복과 축복을 강조하는 뜻으로 사람들로 하여금 행복감을 느낄 수 있게 표현한 이름.

> *예: 全家福(전 가족에게 복이 온다)

18) 예술성으로 형성되어 나온 이름

요리작품의 예술성을 강조한 이름으로 요리작품이 한 편의 시와 그림으로 표현될 수 있다는 뜻이다.

> *예: 金魚戲水(금붕어가 물에서 노는 모양을 표현한 작품)

19) 특수한 조리방법에서 나온 이름

일반 조리방법 외에 특이한 방법을 강조한 뜻으로 많은 사람들이 생소하고 신기하게 느낄 수 있도록 만든 요리.

> *예: 熟吃活魚(익혀서 나오는 활어), 油炸氷淇淋(기름에 튀긴 얼음과자)

20) 해음(諧音)으로 표현되어 나온 이름

주재료의 명칭(이름)의 발음이 일반 구어(口語)와 비슷한 뜻을 갖고 있는 용어를 이용하여 지어낸 요리이름.

> *예: 發菜魚丸湯(발채와 생선완자탕, 發財魚丸湯.
> *중국어에서 [菜]와 [財]는 똑같다 [cái]로 발음된다.

7. 조리상식과 기술

❶ 주재료와 부재료의 선별

중국요리는 종류만 해도 일만여 가지일 정도로 풍부하고 다양하여 부재료의 적절한 사용과 재료를 손질하는 사람의 교묘한 칼솜씨, 음식궁합이 맞는 색채감 등 이 모든 것이 조화를 이루어야 한다고 한다. 어떤 요리는 많은 부재료로 만들어지고, 어떤 요리에는 특정 부재료를 선택해야 색(色), 향(香), 미(美), 형태와 질(質)이 살아있는 요리가 만들어진다. 그리고 그에 따른 영양가치도 염두에 두어야 한다.

하나의 요리를 완성하기 위해서는 기본적으로 크게 2가지 과정을 거쳐야한다. 먼저 주재료를 가공 후 도공의 손질을 거쳐야만 조리작업의 절반 이상을 마쳤다고 하고, 나머지 반은 주재료와 부재료의 배합과정에서의 질과 양, 주재료의 가치, 성분을 고려해서 여기에 각기 특수한 조리방법으로 주재료와 부재료의 색(色), 향(香), 미(美), 질(質)을 잘 조화시켜 만들어야 하나의 완벽한 요리가 탄생하는 것이다.

부재료의 선택은 주재료의 크기모양에 따라 조리법이 달라진다. 여기에서 참고로 도공의 전처리 과정에 썰기 형태를 살펴보면 다음과 같다.

*주재료(육류나 가금류)의 썰기 모양의 예
整隻(한 마리), 件(한 부위), 球(둥글게), 片(편 썰기), 絲(채 썰기), 丁(사각형 썰기), 塊(토막 내어 썰기), 條(마름모꼴 썰기) 경우

*부재료에 적합한 향신료 썰기
葱花(파 곱게 썰기), 葱度(파 토막 썰기), 蒜片(마늘 편 썰기), 蒜蓉(마늘 다지기), 薑片(생강편 썰기), 薑米(생강 다지기), 陳皮絲(진피 채 썰기), 大蒜(통마늘) 등

*醃製配料(절임 부재료)
豆豉(두시), 麵豉(면시), 雪菜(설채), 大頭菜(대두채), 榨菜(짜사이) 등

❷ 재료의 전처리 과정

　재료의 초기가공은 조리순서에 큰 영향을 준다. 서로 다른 성질의 재료를 정리하고, 적합한 조리방법과 식품위생을 요구하며 표준화 시켜 질 좋은 요리를 만드는 데 목적이 있다.

　가공 시 재료의 성질을 먼저 파악하여 유연하게 작업에 들어가야 한다. 예를 들어 살아있는 금축(禽畜)류는 먼저 도살하여 털을 뽑고, 비늘을 제거하고, 껍질을 벗기고, 다시 분리하여, 뼈를 제거하고, 야채류는 껍질을 벗기고 뿌리를 제거하며, 어패류의 비늘과 내장을 제거하고, 살을 바르고, 겉피를 제거하는 등의 순서가 있다. 이런 과정에서도 여러 종류의 조리법을 병행하여 조리과정을 처리한다.

*예: 煮[zhǔ], 炒[chǎo], 燒[shāo], 發[fā] 등

　건해산물을 불리는 과정에서는 매번 필히 漲發[zhāng fā](불리기) 또는 發料[fā liào](물 또는 기름에 불려서) 전처리과정을 거쳐야만 한다. 상어 지느러미(魚翅), 해삼(海蔘), 동물의 심줄(蹄筋) 등 건재료는 먼저 소금물에 담가두고, 다시 맑은 물에 담가 끓이거나 튀겨서 찜통에 찌는 등 이런 과정을 반복하여 다시 가열하는 방법을 통해 건재료를 원래 상태로 되돌려주어야만 질 좋은 요리를 만들 수 있다.

(1) 재료를 불리는 방법의 종류(漲發, zhāng fā)

1) 수발(水發, shuǐ fā): 冷水發, 溫水發, 熱水發 등 3가지로 나눈다.

① 冷水發(냉수발): 건재료를 찬물에 담가두어 물을 충분히 흡수시켜 부드럽고 신선한 형태를 회복시킨다.

② 溫水發(온수발): 건재료를 미지근한 물에 담가두어 팽창하게 하는 과정 보통 냉수발(冷水發)과 혼합하여 사용한다.

③ 熱水發(열수발): 포탕(泡湯, pào tāng)이라고도 한다. 건재료를 뜨거운 물에 넣고 끓여서 또는 계속 끓이는 방법으로 재료가 수분을 빨리 흡수하여 부드럽게 만든다.

2) 유발(油發, yóu fā)

건재료를 먼저 기름(중불)에 튀겨주면서 서서히 온도를 올려 건재료에 남아있는 소량의 수분을 완전히 제거하는 동시에 팽창하여 건재료의 형태가 벌집 모양으로 변한다. 이런 가공방법은 유질과 교질 함량이 비교적 많은 건재료에 사용한다.

3) 염발(鹽發, yán fā)

건재료(생선 부레, 동물심줄)를 소금을 넣은 솥에 넣고 천천히 뒤집어가며 가열하여 볶아준다. 그리고 가열한 소금에 덮어두어 익히면 팽창하여 바삭하게 변한다. 사용하기 전 온수에 담가두면 다시 부드럽게 되돌아온다.

4) 사발(沙發, shá fā)

고운 모래를 이용하여 열을 전달하는 방법이다. 건재료에 모래를 묻혀서 서서히 열을 전달하여, 재료에 열이 도달했을 때에 맞춰서 팽창하여 원래의 형태로 되돌린다.

5) 화발(火發, huŏ fā)

표면에 털과 단단한 껍질을 가진 재료에 사용한다. 먼저 건재료를 불(직활)에 구워주고 표면이 진황색이 되면 끓는 물에 담가두어 무르게 한 다음 칼로 겉피를 제거한 뒤 다시 끓는 물에 삶아 불리고 우려낸 물과 같이 사용한다.

(2) 재료의 손질기술과정

재료의 전처리과정이 끝나면 도공이 재료를 각종 형태로 세밀하게 썰어서 모양을 만든다. 전문 직업을 가진 요리사는 최소한 도공의 기술과 부재료의 배합과정을 알고 있어야만 수많은 요리를 자신 있게 만들 수 있기 때문이다.

(3) 식재료의 처리와 저장방법

모든 재료는 각기 다른 성질을 갖고 있다. 유능한 조리사가 제일 중요시하는 것은 식재료의 처리 방법과 저장방법 그리고 식품위생이다. 그중에서도 식품위생을 제일 중요시하여 찬 음식과 뜨거운 음식의 분리하고, 색상이 다른 도마를 사용하여 육류나 채소류의 전처리 작업을 하며, 냉장·냉동에 저장해야 할 재료는 명칭을 표시하고, 종류별로 분리하여 지정위치에 보관해 식품오염을 방지한다. 그리고 모든 식재료의 유통기간을 입출고 시 꼭 확인한다.

(4) 조미료(調味料)

맛있는 요리에는 오자육미(五滋六味)라는 용어가 꼭 따른다. 오자육미란? 맛이 풍부하고 다양하다는 뜻이다. 오자(五滋)는 음식 맛이 향기롭고, 바삭하고, 부드럽고, 촉감이 있고, 진하다는 말이고, 육미(六味)는 새콤하고, 달콤하고, 쓰고, 매콤하고, 신선하고, 짭짤하다는 뜻이다.

그러면 어떻게 요리의 맛을 내는 것인가? 조미(調味)라는 방법을 사용하였기 때문이다. 요리에서 말하는 조미는 요리를 만드는 순서에 조미료를 이용하여 주재료와의 배합 과정에 적절하게 진행되면서 여러 종류의 특징적인 맛을 형성시켜준다.

조미는 음식 맛을 향상시키고, 나쁜 맛을 제거하여, 향토의 맛을 형성한다. 기본적인 조미방법은 가열(加熱) 전 조미방법, 가열 중 조미방법, 가열 후 조미방법, 그리고 혼합(混合) 조미방법 등이 있다.

(5) 장맛(醬料, jīng liào)

장(醬)은 백가지 맛을 낼 수 있고, 식미지주(食味之主)란 별명을 붙여서 맛의 제왕이라고도 한다. 전문조리사는 필히 장의 사용비결을 알아야 한다. 그래야만 음식의 맛을 완벽하게 조리할 수 있기 때문이다. 요리의 맛은 수없이 변하고 또 변한다. 이러한 변화 작용 중에 또 다른 맛을 창조하여 식객(食客)이 만족할 때까지 도전하는 것이다.

요리의 특징은 조리사 본인이 주로 장(醬)의 고유한 짠맛, 단맛, 신선한 맛, 매운맛, 쓴맛을 교묘하게 이용하여 복합적인 맛을 내는 것이다. 그래서 모든 요리가 보기에는 비슷하지만 그 속의 맛과 향이 서로 다른 미각을 느낄 수 있는 것이다.

장료(醬料)의 종류는 다양하다. 그중에서도 주로 사용하는 것은 춘장(甜麵醬), 겨자장(芥末醬), 주조(酒糟), 참깨장(麻醬), 마늘장(蒜泥), 부추장(韭菜醬), 참기름(麻油), 식초(醋), 백설탕(白糖), 대파(大葱) 등이다. 이런 장류는 조리할 때는 물론 조미료로도 사용하지만 때에 따라서는 식탁에 올려놓고, 식객 개개인의 취향에 따라 찍어먹는 소스에도 사용한다. 북경의 유명한 양고기전골(涮羊肉)을 보면 여러 가지의 장료가 준비되어 있어 식객에게 다양한 양고기 맛을 즐길 수 있도록하여 행복감을 더한다.

❸ 중식칼 도구 설명 및 사용방법

*切刀(qiè dāo)

칼 모양이 장방형으로 가볍고 얇다. 포 뜨기, 편 썰기, 채썰기 등 다양하게 사용한다.

*斬(zhǎn dāo)

칼등이 두껍고, 칼등에서 칼날 부분이 삼각 모양으로 주로 큰 재료를 쳐서 자르거나 연골 뼈를 토막 내고, 장족발 등을 자르는 데 사용한다.

*割刀(gē dāo)

칼 앞날이 얇고, 타원 모양으로 칼이 짧고, 가볍다. 주로 고기 기름 제거나 분리하는데 사용한다.

*刮刀(guā dāo)

칼날이 활모양으로 안으로 약간 휘어져 주로 표면의 껍질이나 털 제거하는데 사용한다.

주방에서 일하는 분들은 자신들의 칼을 보배로 여겨 매일 일과를 마무리하면서 항시 자신들의 칼을 열심히 갈고 닦아서 칼과 함께 열심히 일한 보람에 대해 감사의 표시를 한다.

(1) 도장의 응용 및 썰기(재단) 방법 (*조리용어 참조)

도장(刀章)은 칼 쓰는 방법을 말한다. 하나의 요리가 완성되기까지 각종 다른 재료를 칼로 어떻게 썰어서 만드는가에 따라서 형태가 변하게 된다. 자주 사용하는 칼 쓰는 방법은 다음과 같다.

① 切(qiè): 사용할 재료를 올려놓고, 위에서 밑으로 힘을 주어 자르는 법.

② 片(piàn): 批[pī]라고도 한다. 직도 또는 옆면으로 써는 동작으로 재료를 얇은 편으로 써는 법을 말한다.

③ 劀(jì): 화도(花刀)라고도 한다. 절(切)과 편(片)을 혼합하여 써는데 꽃무늬 모양으로 칼집을 내주고, 떨어지지 않는 게 기본이다.

④ 砍[kǎn]: 劈[pī]라고도 한다. 단단한 재료를 두 쪽 또는 여러 쪽을 내는 방법.

⑤ 捶[chuí]: 칼등으로 재료를 곱게 다지는 방법.

⑥ 剔[tī]: 뼈를 발라내는(제거하는) 방법.

⑦ 排[pái]: 재료의 부분을 평편하게 펴서 칼 앞쪽과 뒤끝을 이용하여 근육질을 짓눌러 연하게 만드는 방법.

⑧ 拍[pāi]: 칼을 넓게 잡고, 재료(채소류)를 살짝 으깨주듯 내려치는 방법.

⑨ 剖[pōu]: 재료를 중앙 부분에서 반쪽으로 쪼개 주는 방법.

⑩ 剁[duò]: 재료를 잘게 저며 다지는 방법.

⑪ 刮[guā]: 재료의 살과 뼈를 분리하는 방법.

⑫ 削[xuē]: 재료의 피(껍질)를 제거하는 방법.

⑬ 剜[wān]: 과일칼 또는 칼로 둥글게 돌려서 깎아내고, 그 안에 속 재료를 담는 방법.

⑭ 雕[diāo]: 조각을 할 수 있는 모든 재료를 조각칼로 여러 모양으로 조각하는 방법.

⑮ 刮[guā]: 재료의 겉피(껍질)를 칼로 긁어내는 방법.

⑯ 撬[qiào]: 칼끝으로 단단한 어패류의 안쪽으로부터 깊숙이 넣어 열리게 하는 방법.

⑰ 割[gē]: 뼈 없는 큰 살코기 덩어리를 칼로 분리하는 방법.

⑱ 旋[xuán]: 削[xiāo] 방법과 비슷하며 둥근 모양의 과일(사과, 배)을 칼로 돌려서 깎아주어 껍질 모양이 길게 꼬이는 현상을 비유한 방법.

8. 조리방법의 해설

중식조리의 기본 조리 방법은 사용기기에 따라 5종류로 나눌 수 있다. 강한 불의 조리법(火烹法), 물에 의한 조리법(水烹法), 수증기의 조리법(氣烹法), 기름을 이용한 조리법(油烹法), 그리고 기타 조리법(其他烹法)이 있다. 여기에는 각기 다른 불의 강약의 순서도 따르면서 교묘한 조리방법을 이용하기도 한다. (예: 炒 爆 燒 등)

중국요리는 일반적으로 한 가지 조리법을 사용하여 요리를 만들지 않는다. 다만 여러 종류의 조리방법을 이용하여 요리에 다양한 변화를 주어 독특한 맛을 만들어낸다. 그래야만 더욱 깊은 중국요리의 이념을 갖출 수 있는 것이다. 이런 복합적인 기술방법이 상호기술교류의 원인이 되기도 하고 조리하는 요리사들에게도 감각, 촉각, 경험을 쌓아올리게 하고 더 나아가 그 지역의 환경과 기후, 특산물을 이용하여 지방의 특색요리를 만들어 발전하는 것이다.

먼저 조리법의 내용에 따라 분류하여 간략히 설명한다.

❶ 불을 이용한 조리법

불을 이용한 조리방법으로 석탄(煤), 숯(炭), 나무(柴), 가스(燃) 등 연료로 가공 처리하여 만들어 발생한 화력을 이용하여 만드는 조리법의 총칭이다. 각기 다른 연료를 이용하여 명화고 (明火烤), 암화고(暗火烤), 명암화고(明暗火烤) 그리고 기타 화고(其他火烤)가 있다.

(1) 明火烤(명화고)

강한 불로 직접 재료를 조리하는 방법으로 주재료의 수분을 증발시켜 재료 조직의 밀도에 변화를 주어 부드럽게 만들어 익히는 조리법이다.

(2) 暗火烤(암화고)

화로 통기구를 이용한 조리 민로고(燜爐烤)라고도 한다. 재료를 구이통 안에 넣어 불이 직접 재료에 닿지 않게 기기의 벽면에 열을 통하여 주재료를 익히는 방법이다.

(3) 掛爐烤(괘로고)

구이통의 문을 닫지 않고 명화고(明火烤), 암화고(暗火烤)를 동시에 이용하는 조리법이다. 주재료를 구이통 안쪽 주위에 걸어놓는 상태에서 천천히 익혀 내는 방법이다.

(4) 其他火烤(기타 화고)

각기 다른 물체를 이용하여 열을 전달하는 방법으로 쇠를 불에 뜨겁게 달구어서 직접 재료에 닿게 하여 재료를 익히는 방법을 적고(炙烤)라고 하며, 굵은 소금으로 익혀내는 방법을 염국(鹽焗)이라 한다. 그 외 재료를 흙이나 나뭇잎으로 싸서(발라서) 장작부로 익히는 방법을 니고(泥烤)라고 한다.

(5) 水烹法(2단계 조리법)

불로 물에 전달하여 전처리과정을 마친 재료를 2단계로 진행하여 조리하는 방법의 총칭이다. 물은 뜨거운 물체의 열을 받아 발생한 물리적인 현상을 이용하는 것이기도 한다.

수팽법(水烹法)은 지역별로 사용방법에 약간씩 차이점이 있다. 크게 열채(熱菜)와 냉채(冷菜)두 종류가 있다.

1) 燒[shāo](소)

전처리 과정을 경과한 재료에 적정량의 육수와 조미료를 첨가한 다음 먼저 센 불에 가열한 후 중불과 약한 불로 가열하여 재료를 적절히 부드럽게 만든다. 그리고 남은 소스를 재료에 혼합하여 끼얹어내는 조리법의 총칭이다. 간단하게 말해서 미리 가공한 재료나 1단계 처리한 후 팬에 넣어 여기에 적절한 육수와 물을 넣어 센 불에 익혀내는 조리방법이라 할 수 있다. 먼저 전처리 과정을 1~2단계를 마친 뒤 후에 완전히 익혀 조리하는 것을 燒[shāo]라 한다. 이 과정을 3단계 과정이라고 하는데 센 불에 끓여내고, 중불, 약불에 익히고, 다음에 다시 센 불에 소스의 농도를 맞추는 과정이라 할 수 있다.

2) 燉[dùn](돈)

마지막 공정에 물을 부어 약한 불에 장시간 가열하여 완성하는 조리기술이다. 먼저 재료에 육수와 조미료를 넣어 강한 불에 끓여준 뒤 다시 중간 불 다음에 약한 불로 일정시간 조려서 익히는 조리방법으로 주재료의 향과 맛이 달아나지 않게 보존하여 재료의 진국을 살리기 위한 것으로 탕의 색상을 맑게 만든다.

3) 燜[mèn](민)

먼저 전처리 과정을 경과한 재료를 砂鍋(돌냄비, 전골냄비)에 넣고, 여기에 적정량의 육수와 조미료를 넣어 냄비의 뚜껑을 덮고 센 불에 먼저 끓인 뒤 다시 약한 불에 천천히 일정시간에 걸쳐서 재료를 연하게 익혀가며 간이 배도록 하여 냄비에 소스가 조금 남아있도록 조리하는 방법이다.

4) 煨[wēi](외)

약한 화력으로 가열하여 적정 시간에 걸쳐 만들어 내는 조리법으로 탕 요리다. 우윳빛이 나면서 진한 게 특징이다. 가공 처리한 재료를 한번 끓이고, 데쳐서 다시 냄비나 솥에 넣어 적당히 끓은 물과 조미료를 첨가하여 먼저 센 불에 끓여서 떠있는 잡물을 제거하고 뚜껑을 덮고, 약한 불에 천천히 장시간 끓여주는 조리법이다. 탕즙이 진하고 재료를 완전히 흐트러지게 해서 죽처럼 부드럽게 만든다.

5) 燴[huì](회)

어떤 재료를 먼저 전처리 한 후 다시 살짝 데쳐주고 부재료와 같이 팬에 넣고 여기에 적절한 육수와 조미료를 넣어 짧은 시간에 가열하여 녹말물을 풀어 뭉쳐지게 만드는 조리법이다(녹말을 안 넣고 조리하면 淸燴라 한다). 녹말물로 약간 되게 만들면 羹[gēng]이 된다. 회채(燴菜)의 소스에는 대부분

끈적이는 현상이 있어, 꼭 많은 녹말물로 풀어줘 소스가 걸쭉하게 만들어져야만 원하는 조리요구에 맞춰지는 것이다.

6) 扒[pá](배)

전처리 가공한 재료를 바로 팬에 넣어 적당한 육수와 조미료를 넣어 중간 불과 약한 불에 가열해서 재료에 간이 배게 하고 녹말물을 풀어서 접시에 담아 요리의 형태가 흐트러지지 않게 원래 모양을 유지하는 조리법이다. 지금은 조리사들이 먼저 만든 주재료를 미리 접시에 담고, 소스나 부재료를 만들어 다시 덮어주거나, 뿌려 내는 방법을 쓴다.

7) 燼[kǎo](고)

전처리 가공한 재료를 바로 팬에 넣어 적당한 육수와 조미료를 넣어 가열한 후 다시 중불, 약불로 조정하여 재료에 간이 배어 익으면 다시 센 불로 가열하여 졸여서 소스를 조금만 남게 하는 조리이다. 재료를 적당히 부드럽게 만들고 소스가 졸여지면서 요리의 맛을 효과적으로 낼 수 있다는 장점이 있다.

8) 汆[cuān](탄)

전처리 가공한 부드러운 재료를 작은 크기로 만들어 끓는 육수 팬에 넣고 단시간에 탕 요리를 만드는 조리법이다. 빠르게 주재료 맛을 신선하게 만들고 질감과 담백한 맛을 내는 효과를 얻는다.

9) 煮[zhǔ](자)

전처리과정을 거친 재료를 적당한 물에 넣어 강, 약의 불 조정을 통해 주재료가 익혀지면 바로 꺼내서 내는 조리법을 말한다.

10) 涮[shuàn](쇄)

주재료를 얇은 편으로 썰어서 끓는 냄비에 넣고 짧은 시간에 가열하여 주재료를 꺼내서 여러 종류의 소스를 찍어 먹는 조리법이다. 목적은 주재료의 원래 맛을 유지하면서 끓은 육수를 진하게 하는 효과를 얻는 것이다.

11) 熬[āo](오)

전처리를 거친 재료를 기름으로 지지거나 한번 볶아서 다시 팬에 넣고, 여기에 적당한 육수와 조미료로 간한 뒤 다시 중불, 약불로 재료를 완전히 익혀서 주재료의 고유한 맛이 배게 하는 조리법이다.

12) 滷[lǔ](로)

중국전통 냉채를 만드는 조리법 중 하나로 원래는 煮[zhǔ]을 사용하였다. 전처리 가공한 재료와 부재료, 그리고 익혀낸 재료를 미리 끓여낸 소스 냄비에 넣고 가열하여 소스의 진한 향과 맛을 주재료에 흡수시켜 내는 요리로 냉채를 만드는 방법 중의 일종이다.

13) 醬[jiàng](장)

냉채를 만드는 조리법이다. 원래는 煮[zhǔ]을 사용하였다. 먼저 전처리를 거친 생재료를 미리 끓여놓은 간장소스에 넣어 가열한 후 다시 중불, 약불로 장시간을 거쳐 주재료가 완전히 익어서 간장소스가 배면 꺼내 식혀서 냉채로 사용하는 조리법이다.

14) 浸[jìn](침)

미리 전처리한 생재료를 끓는 냄비에 넣어 수시로 불 조절을 해주어 재료를 냄비 물에 잠겨있게 끓여 주재료가 익혀질 즈음 뜨거운 탕의 열기로 완전히 익혀주는 방법이다. 주재료가 잠겨있는 상태에서 단백질의 변화를 주지 않아 재료가 질겨지는 것을 방지하고 신선한 맛을 더해주는 장점이 있다.

15) 蜜汁[mì zhī](밀즙)

전처리과정을 거친 재료와 반가공한 재료를 미리 만들어 놓은 설탕시럽용기에 넣고 燒[shāo], 蒸[zhēng], 炒[chǎo], 燜[mèn] 등 다른 조리방법으로 익혀내는 방법으로 중국 디저트를 만드는 조리법이다.

❷ 증기를 이용한 조리법(氣烹法)

가열된 기계의 수증기를 이용하여 요리를 쪄서 익혀내는 조리방법이다. 이 조리법은 물리학의 열전달 이론을 통해 뜨거운 열기로 재료를 익혀내는 수단으로, 재료를 매끄럽고 부드럽게 만들지만 요리의 색상을 좋게 하거나 바삭하게(脆化) 만들지는 못한다. 완성요리가 보기 좋은 색상을 내고 빛나게 하지 못하는 조건이 있기 때문이다.

(1) 蒸[zhēng](증)

전처리 과정을 거친 재료를 찜통(蒸籠)에 넣어 일정한 열을 통해 증기를 발생시켜 재료를 익혀

내는 조리법이다. 찜통 안의 고온과 압력으로 재료를 빨리 익혀주면서 고유의 맛과 향을 보존해준다.

③ 기름을 이용한 조리법(油烹法)

기름을 이용하여 전처리 과정을 거친 재료를 익혀내는 조리방법이다. 사용하는 기름의 양과 기름온도의 고저(高低)에 따라 조리기술 방법과 명칭이 달라진다.

(1) 炸[zha](작)

전처리과정을 거친 재료(예: 생재료의 가공, 1차 처리과정을 거친 재료, 튀김옷을 입힌 재료 등)들을 기름을 넉넉히 두른 팬에 넣고 장시간과 짧은 시간에 걸쳐서 기름온도를 강약으로 조절하여 요리재료 안에 적당한 수분과 신선한 맛을 유지하고 겉 표면은 바삭하면서 향이 돋게 만드는 방법으로 한 번의 동작으로 완성하는 조리법을 말한다. 이러한 조리법을 이용하여야만 표면은 타지 않으면서 속은 부드럽고, 재료의 표면에 색채와 윤기가 돌고, 눅눅하지 않고 바삭한 감촉이 돋는 요리를 만들수 있는 것이다.

(2) 烹[pēng](팽)

센 불에 빨리 볶아내는 신종 기법이다. 먼저 튀겨낸 재료를 다시 강한 불을 거쳐 완성하는 조리법이기도 하다. 먼저 전처리한 재료들에 간을 하여 바로 튀김옷을 입혀서 넉넉한 기름에 바삭하게 튀겨낸 뒤 다시 다른 팬을 이용하여(혹은 튀김 팬의 기름을 따라내고 약간의 기름만 남긴다) 다시 센 불에 미리 준비한 부재료와 소스를 튀겨낸 재료와 같이 넣어 빠른 속도로 볶아내는 기법으로 양념(소스)이 신속히 주재료에 스며들게 하여 진한 향기를 돋게 하는 조리방법이다.

(3) 溜[liù](류)

센 불에 빨리 볶아내는 조리방법이다. 전처리한 재료를 약간 덜 익힌 상태와 완전히 익혀낸 상태에서 다시 팬에 넣고 센 불에 빨리 볶아 재료의 신선도와 연한 맛을 느낄 수 있게 하는 조리기술이다. 1차로 조리한 재료의 소스 맛에 부드럽게 전처리한 재료를 혼합하여 아주 짧은 시간에 배합하여 걸쭉한 소스를 만들어내는 과정을 류즙(溜汁)이라고 한다.

(4) 炒[chǎo](초)

전처리 과정을 거쳐 작은 형태로 썰어낸 재료를 센 불에 소량의 기름을 넣어 순간적으로 가열시켜 동시에 재료와 조미료를 넣어 충분히 볶아주면서 기름과 조미료, 주재료가 일체가 되도록 완성시키는 조리법이다. 이러한 조리법은 재료를 빨리 변성하여 익혀주고 신선한 맛을 보존하며 기름의 향과 조미료가 빨리 용합하는 데 목적이 있다.

(5) 爆[bào](폭)

조리법 중에 강한 화력으로 최단 시간 내에 조각하는 조리법이다. 이 조리법은 제일 센 화력으로 뜨겁게 기름과 물에 끓이거나 데쳐서 작은 크기로 썬 재료를 순간 가열하여 다시 달구어진 팬에 뜨거운 기름을 넣고 조미료와 함께 볶아서 내는 조리법의 총칭이다.

(6) 煎[jiān](전)

주재료가 잠겨있지 않도록 팬에 기름을 넣고 천천히 익혀(튀겨)주는 조리법이다. 중불과 약불을 사용하여 비교적 긴 조리시간이 필요한 조리법이다. 주재료를 평평하게 썰어 튀김가루나 녹말을 묻혀서 넓적하게 달군 팬에 넣고 소량의 기름을 넣어 중불, 약불에서 지져주면서 재료의 표면에 황금색이 나도록 노릇하게 지져 내는 조리법이다. 목적은 주재료가 열을 받아 익는 동안 재료 속의 수분과 신선한 맛을 유지시켜주는 작용을 하면서 표면은 바삭하고 속은 부드러운 감촉을 가지게 만든다.

(7) 貼[tiē](첩)

두 가지 이상의 평평한 재료를 같이 쌓아 올려놓고 여기에 녹말이나 밀가루 풀과 같이 붙는 재료를 입혀서 팬에 먼저 담고 약간의 기름을 넣어 중불, 약불로 가열하여 주재료의 밑바닥이 노릇하게 황금색이 나게 만드는 조리기술이다.

(8) 塌[tā](탑)

전처리과정을 거친 재료를 펴서 녹말(전분)을 묻혀 팬에 넣고 약간의 기름과 부재료를 넣어 중불, 약불로 조절하여 표면을 노릇하게 지져주면서 간이 스며들게 만드는 조리법이다. 재료에 옷을 입혀 지져주는 과정에 겉옷이 두툼하게 막이 생겨 양념의 소스가 흡수되면 다시 팬을 뒤집어주면서 구수하고 진한 향이 달라붙어 요리가 한층 더 강한 느낌을 주는 조리법이다.

(9) 拔絲[ba sī](발사)

팬에 설탕시럽을 미리 만들어놓고 익혀낸 재료를 넣어 가열하여 재료의 표면에 한 겹의 시럽이 묻혀주는 기법이다. 설탕 시럽이 실처럼 가늘게 늘어나는 현상을 일으키는 조리법이다. 바로 만들어 낸 재료를 얼음물에 담가 온도가 떨어지면 재료 표면에 시럽 한 겹이 붙는다.

(10) 玻璃[bo lí](파리)

전처리 후 반 가공을 한 재료를 설탕시럽을 만든 시럽그릇에 담고 재료에 시럽을 골고루 묻혀서 접시에 담아 젓가락으로 하나씩 잘 떼어내어 차갑게 식혀서 내는 조리기술이다. 주재료의 표면에 시럽을 한층 입혀서 식혀두면 단단한 사탕 모양으로 응고되어 투명한 연황색이 되며 모양이 마노(瑪瑙), 유리(玻璃)와 비슷하다.

(11) 掛霜[guà shuāng](괘상)

재료를 전처리한 후 반가공한(또는 익혀낸) 재료를 뜨거운 팬에 설탕시럽을 끓여서(拔絲, 시럽 보다 되게 만들어) 넣고 주재료와 설탕시럽이 혼합되게 설탕을 재료에 묻히면서 표면에 하얀 서리가 끼는 현상이 일어나는 것을 말한다.

4 기타조리법(其他烹法)

그 밖에도 전처리작업(세정작업) 한 재료를 별도의 가열 조리법을 거치지 않고 직접 조미료를 첨가하여, 또는 1차로 익혀낸 재료를 조미료 첨가 후 묻혀서 만든 요리, 또는 조리과정을 경과한 재료 중에 단백질이 용화되어 식어서 응고된 젤라틴 성분으로 만든 요리, 불완전연소로 발생한 강한 연기로 재료를 익혀내며 향을 스며들게 만든 요리 등의 조리법이 있다. 주로 拌[bàn], 熗[qiàng], 醃[yān], 凍[dòng], 燻[xūn] 등 조리법에 사용된다.

대부분은 찬 음식(냉채)에 이용하여 재료에 조미료(양념)를 흡수시키면서 투명하게 작용하여 요리에 맛을 배게 한다.

(1) 拌[bàn](반)

세정작업을 거친 재료를 가늘게 채로 혹은 얇게 편으로 썰어서 생(生)이든 냉동이든, 익혀낸 것이든 조미료를 첨가하여 혹은 미리 만들어 놓은 것을 버무려 묻혀서 내는 조리법. 이 조리법은 가열과정이 필요 없이 바로 만들 수 있어 재료를 먼저 片(편), 絲(가는 채), 丁(사각모양), 塊(토막), 條(굵은 채)으로 썰어 소스와 같이 묻혀서 편리하게 사용한다.

(2) 熗[qiàng](창)

전처리 과정(세정)을 거친 재료를 가늘게 채로 혹은 얇게 편으로 썰어서 끓는 물에 데치거나 기름에 지져서 익혀낸 뒤 여기에 향신료를 가미한 뜨거운 기름을 뿌려 재료에 단시간에 향이 배게 만들어 버무려서 내는 냉채의 조리법이다.

(3) 醃[yān](엄)

전처리 과정을 거친 재료를 소금, 소금물, 술, 설탕 그리고 각종 조미료로 만든 엑기스(소금에 절인 젓 종류)를 이용하여 절여서 만든 냉채를 말한다. 소금으로 절여지는 과정에서는 재료의 수분을 제거할 뿐 아니라 나쁜 냄새를 없애고 소독작용도 하면서 재료에 간을 배게 할 수 있는 것이 특징이다.

(4) 凍[dòng](동)

한천, 젤라틴 종류와 재료를 같이 끓여 녹으면 식혀서 응고시켜 만드는 특수한 냉채의 조리기술이다.

(5) 燻[xūn](훈)

재료를 밀봉되어 있는 용기 안에 넣고, 연료를 사용하여 여기에서 나오는 연기의 열을 이용해 재료를 익혀주는 조리법이다. 훈제 향을 유지하면서 미생물의 번식을 억제할 뿐 아니라 재료의 색상을 장기간 보존할 수 있는 조리기술이다.

9. 중식조리 용어해설

① 중국요리의 조리기구

    중국의 남부요리와 북부요리에서 사용하는 조리용 팬의 구조와 원리는 대부분 비슷하다고 볼 수 있다. 팬의 모양은 양쪽 모두 원형에 중앙 부분이 凹형태로 새둥지 모양과 같은데 이는 가열 시 열을 받을 때의 현상과 화로 제작과의 관계가 있는 것이다. 크게 다른 점은 북방인은 주로 單柄燒鍋[dān bǐng shāo guo](손잡이가 한 개 달린 팬)을 사용한다는 것이고, 남방인은 주로 双耳燒鍋[shuāng ěr shāo guo](손잡이가 두 개 달린 팬)을 사용한다는 것이다. 이러한 차이는 두 지방의 조리사들의 체격이 크고 작은 차이에서 생겨난 것이라고 한다. 지금 대부분의 중국요리 전문점의 조리 설치 구조를 보면 위생적이고 청소가 편리한 스테인리스로 제작하여 사용하고 있고, 불의 강약 조절을 손뿐만 아니라 발 또는 무릎으로 할 수 있게 하여 점차 편리성을 갖춰 가고 있는 추세이다.

(1) 중식화덕 灶台[zào tái]

(2) 화구(火口)의 명칭과 설명

微火[wēi huǒ]	小火[xiǎo huǒ]	中火[zhòng huǒ]	大火[dà huǒ]
弱火[ruò huǒ](약불)이라고도 한다. 화력을 최소로 조절하여 주로 온도를 유지하는 데 사용한다.	慢火[màn huǒ]라고도 하며 불빛이 청황색을 띠고 화력이 강하지 않아 주로 조리거나 데치는 데 사용한다.	文武火[wén wǔ huǒ]라고도 한다. 화력이 일직선으로 강하게 올라와 붉은 색상을 띠며 열기 분출현상이 높다.	旺火[wàng huǒ]라고도 하며 광도가 강하고 열기가 무척 세어 팬을 놓는 즉시 달아 오른다.

(3) 중식 기본 조리기구 명칭

중식칼
菜刀 [cài dāo]

조각칼
彫刻刀[diāo ke dāo]

참도
斬刀[zhǎn dāo]

북방팬
單柄燒鍋[dān bǐng shāo guo]

남방팬
双柄燒鍋[shuāng bǐng shāo guo]

중국국자
玉勺子[yù sháo zi]

솥빗자루
刷掃[shuā sào]

튀김거름망
漏勺[lòu sháo]

튀김조리
笊篱 [zhào lí]

대나무찜통
蒸籠[zhēng lǒng]

나무밀대
面棍[miàn gùn]

돌솥
石鍋[shí guō]

접시
盘子[pánzi]

2 화공(火工)의 조리용어

(1) 燒[shāo](소)

(2) 燜[mèn](민)

(3) 燴[huì](회)

(4) 扒[pá](배)

(5) 燒[kǎo](고)

 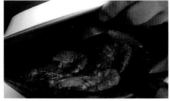 

(6) 汆[cuān](탄)

(7) 滷[lǔ](로)

(8) 醬[jiàng](장)

(9) 蒸[zhēng](증)

(10) 炸[zhá](작)

(11) 烹[pēng](팽)

(12) 溜[liù](류)

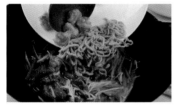  

(13) 爆[bào](폭)

(14) 炒[chǎo](초)

(15) 煎[jiān](전)

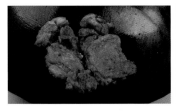  

(16) 塌[tā](탑)

(17) 拔絲[ba sī](발사)

(18) 拌[bàn](반)

③ 도공(刀章)의 조리용어

(1) 切[qiè]_Cutting

- 재료를 여러 조각 모양으로 나누는 방법.
- 칼과 재료의 사이를 수직을 유지하여 위에서 밑으로 힘을 주어 자르는 방법을 切[qiè]라 한다.
- 아래그림은 자주 사용하는 여러 가지 切[qiè]의 기술 설명이다.

切[qiè]
위에서 아래로 썰기

直切[zhí qiè]
직도 썰기

滾刀切 [gǔn dào qiè]
굴려 썰기

推切[tuī qiè]
위에서 밀어 썰기

切塊 [qiè kuài]
큼직하게 썰기

切絲[qiè sī]
가는 채 썰기

切條[qiè tiáo]
긴 마름모꼴 썰기

切茉[qiè mò]
송송 곱게 썰기

切丁[qiè dīng]
네모꼴 썰기

(2) 片[piàn]_Slicing

- 직도 또는 옆면으로 써는 동작으로 재료를 얇은 편으로 써는 법을 말한다.

片[piàn]
편으로 썰기

反刀批[fǎn dào pī]
방향 바꿔 썰기

片 [piàn]
편 모양 썰기

(3) 片[piàn]_Slicing

- 批[pī]라고도 한다. 옆면으로 써는 동작으로 재료를 얇은 편으로 써는 법을 말한다.

拉刀批[lā dào pī]
눌러서 당겨 썰기

推刀批[tuī dào]
눌러서 밀어 썰기

斜刀批 [xié dào pī]
비스듬히 썰기

(4) 拍[pāi]_Smashing

- 剡[yǎn]이라고도 한다.
- 칼의 넓은 면을 이용하여 재료(채소류)를 으깨주듯 파쇄(破碎)하는 방법(반드시 으깨져야 한다).

(5) 劊[jī]_Slicing

- 花刀라고도 한다. 切와 片을 혼합하여 써는데 꽃무늬 모양으로 칼집을 내주고, 떨어지지 않는 게 기본이다.

斜刀劊[xié dào jī]
옆면으로 잔 칼집 내기

(6) 削[xuē]_Peeling

- 칼날로 재료의 외피(껍질)를 밖에서부터 제거하는 방법.

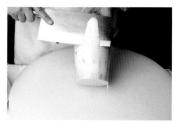  

(7) 剖[pōu]_Ripping

- 칼로 재료를 절단하기. 칼로 재료(물체)의 표면을 제거하는 동작.
- 혹은 칼로 재료의 중심부에서 반으로 절단하는 동작.

(8) 剁[duò]_Chopping

- 칼로 재료(물체)를 곱게 다져주는 동작.

(9) 剜[wān]_Scooping

- 과일칼 또는 칼로 둥글게 돌려서 깎아내고, 그 안에 속 재료를 담는 방법.

(10) 捶[chuí]_Fine Mashing

- 칼등으로 재료를 곱게 다지는 동작.
- 砸[zá]라고도 하는데 재료를 방아 찧듯이 찧는다는 의미다.

 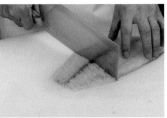 

(11) 排[pái]_Pounding

- 칼날 끝의 앞뒤 부분과 칼날의 앞면과 뒷면으로 재료를 여러 번 찧어서 재료의 섬유질과 질긴 부분을 연하게 만들어 재료를 넓게 펴주는 동작.

(12) 雕[diāo]_Carving

- 조각을 할 수 있는 모든 재료를 조각칼을 사용해 여러 모양을 조작하는 동작.

(13) 刮[guā]_Scraping

- 재료의 겉피(껍질)를 칼로 긁어내는 방법.

 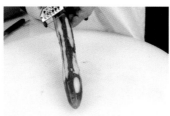 

(14) 割[gē]_ Severing

- 뼈 없는 큰 살코기 덩어리를 칼로 분리하는 방법.

(15) 砍[kǎn]_Chopping

- 劈[pī]라고도 한다. 단단한 재료를 두 쪽 또는 여러 쪽을 내는 방법.

直斬[zhí zhǎn]
찍어서 끊어 썰기

(16) 旋[xuán]_Circular peeling

- 削[xuē]방법과 비슷하며 둥근모양의 과일(사과, 배)을 칼로 돌려서 깎아주어 껍질모양이 길게 꼬여 주는 현상을 비유한 방법.

· 剔[tī]: 뼈를 발라내는(제거)하는 방법.

· 刮[guā]: 재료의 살과 뼈를 분리하는 방법.

· 撬[qiào]: 단단한 어패류의 안쪽으로 칼끝을 깊숙이 넣어 열리게 하는 방법 등

❹ 중식 식재료 용어

(1) 건재료 및 기타

동충하초
冬蟲草 [dōng chóng cǎo]

제비집
燕窩 [yàn wō]

죽생
竹笙 [zhú shēng]

건해삼
海參 [hǎi shēn]

마구
蘑菇 [mó gū]

은이버섯
銀耳 [yín ěr]

당면
粉條 [fěn tiáo]

녹두당면
粉絲 [fěn sī]

발채
髮菜 [fǎ cài]

건패주
干貝 [gān bèi]

건새우살
蝦米 [xiā mǐ]

한천
瓊脂 [qióng zhī]

서미로
西米露 [xī mǐ lù]

누룽지
鍋粑 [guō bā]

케슈넛
腰果 [yāo guǒ]

은행
百果 [bó guǒ]

양장피
粉皮 [fěn pí]

메추리알
鵪鶉蛋 [ān chún dàn]

샥스핀냉동
魚翅 [yú chì]

오리알
鴨蛋 [yā dàn]

건표고버섯
苳菇 [dōng gū]

상어지느러미(건샥스핀)
排翅 [pái chì]

(2) 해선류(海鮮類) 및 기타

가리비
鮮貝 [xiān bèi]

전복
鮑魚 [bào yú]

오징어
墨魚 [mò yú]

패주
干貝 [gān bèi]

조개
蛤蜊 [gé lí]

굴
海蜊 [hǎi lí]

불린해삼
海參 [hǎi shēn]

게집게살
蟹手 [xiè shǒu]

크랩다리살
蟹箝 [xiè qián]

홍합
紅蛤 [hóng gé]

생선살
鮮魚 [xiān yú]

새우살
小蝦 [xiǎo xiā]

중새우
中蝦 [zhōng xiā]

대하
大蝦 [da xiā]

꽃게
白蟹 [bái xiè]

게살
蟹肉 [xiè ròu]

우럭
鮶魚 [jūn yú]

소라살
海螺 [hǎi luó]

오골계
烏骨鷄 [wū gù jī]

오리
鴨子 [yā zǐ]

(3) 채소 및 기타

고수
香菜 [xiāng cài]

당근
胡蘿貝 [hú luó bèi]

홍고추
紅辣椒 [hóng là jiāo]

청고추
靑辣椒 [qīng là jiāo]

대파
大葱 [dà cōng]

표고버섯
鮮菇 [xiān gū]

죽순
竹筍 [zhú xún]

양송이
洋松茸 [yáng sōng rǒng]

오이
黃瓜 [huáng guā]

자연송이
松茸 [sōng rǒng]

아스파라거스
蘆筍 [lu xún]

청경채
靑菜 [qīng cài]

청홍피망
靑椒 [qīng jiāo]

호박
方瓜 [fāng guā]

부추
韮菜 [jiǔ cài]

양파
洋葱 [yáng cōng]

감자
土豆 [tǔ dòu]

고구마
地瓜 [dì guā]

생강
生薑 [shēng jiāng]

마늘
蒜頭 [suàn tóu]

셀러리
芹菜 [qín cài]

브로콜리
西蘭花 [xī lán huā]

배추
白菜 [bái cài]

목이버섯
木耳 [mù ěr]

완두콩
豌豆 [wān dòu]

물밤
馬弟 [mǎ dì]

초고버섯
草菇 [cǎo gū]

양상추
洋生菜 [yáng shēng cài]

무
蘿貝 [luó bèi]

두부
豆腐 [dòu fǔ]

가지
茄子 [qié zǐ]

단호박
南瓜 [nán guā]

(4) 과일

파인애플
波羅 [bō luó]

오렌지
橙子 [chéng zǐ]

수박
西瓜 [xī guā]

방울토마토
小蕃茄 [xiǎo fān qié]

키위
弥猴桃 [mí hóu táo]

레몬
檸檬 [níng méng]

사과
苹果 [píng guǒ]

포도
葡萄 [pú táo]

바나나
香蕉 [xiāng jiāo]

토마토
蕃茄 [fān qié]

배
梨 [lí]

딸기
草莓 [cǎo mèi]

(5) 소스류

굴소스
蠔油 [háo yóu]

로추
老抽 [lǎo chōu]

간장
醬油 [jiàng yóu]

두반장
豆瓣醬 [dòu bàn jiàng]

해선장
海鮮醬 [hǎi xiān jiàng]

X.O장
X.O醬 [X.Ojiàng]

검은콩장
豆豉醬 [dòu chǐ jiàng]

청주(조리술)
料酒 [liào jiǔ]

홍식초
紅醋 [hóng cù]

백식초
白醋 [bái cù]

토마토케찹
蕃茄醬 [fān qié jiàng]

면장
甜麵醬 [tián miàn jiàng]

땅콩장
花生醬 [huā shēng jiàng]

소흥주
紹興酒 [shào xìng jiǔ]

(6) 향신료

구기자
枸杞子 [gōu qǐ zǐ]

대추
棗 [zǎo]

산초
花椒 [huā jiāo]

팔각
八角 [bā jiāo]

정향
丁香 [dīng xiāng]

레몬잎
檸檬葉 [níng méng yè]

흑후추
黑胡椒 [hēi hú jiāo]

건고추
干辣椒 [gān là jiāo]

백후추
白胡椒 [bái hú jiāo]

고춧가루
辣椒粉 [là jiāo fěn]

계피
桂皮 [guì pí]

배두관
白豆蔻 [bái dòu guān]

황기
黃芪 [huáng qí]

소희향
小茴香 [xiǎo huí xiāng]

감초
甘草 [gān cǎo]

계지
桂枝 [guì qí]

❺ 중식 용어 해설

주방장 厨師长 [chú shī zhǎng]

요리 만드는 화덕부 灶台 [zào tái]

칼판부 刀板部 [bǎn bù]

딤섬부 点心部 [diǎn xīn bù]

북방팬 北方鍋 [běi fāng guō]

손잡이 1개 單柄燒鍋 [dān bǐng shāo guō]

남방팬 南方鍋 [nán fāng guō]

손잡이 2개 双耳燒鍋 [shuāng ěr shāo guō]

찜통 蒸籠 [zhēng lǒng]

만두밀대 面棍 [miàn gùn]

중국국자 玉勺子 [yù sháo zǐ]

튀김조리 笊篱 [zhào lí]

튀김거름망 漏勺 [lòu sháo]

가스 煤气 [méi qì]

석유 石油 [shí yóu]

연탄 煤炭 [méi tàn]

씽크대 洗碗台 [xǐ wǎn tái]

칼판부(전처리실) 红案 [hóng àn]

칼판(도마) 刀板 [dāo bǎn]

솥빗자루 刷掃 [shua sào]

중식칼 菜刀 [cài dāo]

두꺼운 칼 厚刀 [hòu dāo]

작은 칼 小刀 [xiǎo dāo]

조각칼 彫刻刀 [diāo kè dāo]

숫돌 磨刀石 [mó shí dāo]

큰 접시 大盘 [dà pán]

중간 접시 中盘 [zhōng pán]

접시 碟子 [dié zi]

숟가락 羹匙 [gēng chí]

젓가락 筷子 [kuài zi]

비누 香皂 [xiāng zào]

행주 抹布 [mā bù]

수세미 碗刷子 [wǎn shuā zǐ]

조미료

닭육수 鷄湯 [jī tāng]

청주 清酒 [qīng jiǔ]

소흥주 紹興酒 [shào xìng jiǔ]

고량주 高糧酒 [gāo liáng jiǔ]

간장 醬油 [jiàng yóu]

식초 醋 [cù]

전분 淀粉 [diàn fěn]

소금 塩 [yán]

백설탕 白糖 [bái táng]

후춧가루 胡椒粉 [hú jiāo fěn]

백후추 白胡椒 [bái hú jiāo]

흑후추 黑胡椒 [hēi hú jiāo]

레몬잎 檸檬葉 [níng méng yè]

팔각 八角 [ba jiǎo]

산초 花椒 [huā jiāo]

진피 陈皮 [chén pí]

감초 甘草 [gān cǎo]

건고추 干辣椒 [gān là jiāo]

고춧가루 辣椒粉 [là jiāo fěn]

대파 大葱 [dà cōng]

마늘 蒜頭 [suàn tóu]

생강 生薑 [shēng jiāng]

양파 洋葱 [yáng cōng]

고추 辣椒 [là jiāo]

참기름 香油 [xiāng yóu], 麻油 [má yóu]

식용유 色拉油 [se lā yóu]

파기름 葱油 [cōng yóu]

화학조미료 味精 [wèi jīng]

두반장 豆瓣醬 [dòu bàn jiàng]

굴소스 蠔油 [háo yóu]

로추 老抽 [lǎo chōu]

춘장 甛麵醬 [tián miàn jiàng]

토마토케찹 蕃茄醬 [fān qié jiàng]

땅콩장 花生醬 [huā shēng jiāng]

참깨장 芝麻醬 [zhī má jiāng]

검은콩소스 豆豉 [dòu chǐ]

당면 粉條 [fěn tiáo]

실당면 粉絲 [fěn sī]

양장피 粉皮 [fěn pí]

밀가루 麵粉 [miàn fěn]

겨자분 芥末粉 [jiè mò fěn]

마늘소스 蒜汁 [suàn zhī]

육류, 가금류

돼지고기 猪肉 [zhū][ròu]

삼겹살 五花肉 [wǔ huā ròu]

양고기 羊肉 [yáng ròu]

소고기 牛肉 [niú ròu]

개고기 狗肉 [gǒu ròu]

토끼고기 兔肉 [tù ròu]

안심 里脊 [lǐ jǐ]

닭고기 鷄肉 [jī ròu]

오골계 烏骨鷄 [wū gù jī]

닭가슴살 鷄脯肉 [jī pu ròu]

닭날개 鷄翅 [jī chì]

닭다리 鷄腿 [jī tuǐ]

오리 鴨子 [yā zi]

오리알 鴨蛋 [yā dàn]

오리발 鴨掌 [yā zhǎng]

메추리 鵪鶉 [ān chún]

메추리알 鵪鶉蛋 [ān chún dàn]

참새 麻雀 [má què]

해물류

소라 海螺 [hǎi luó]

건새우살 蝦米 [xiā mǐ]

새우살 小蝦 [xiǎo xiā]

동충하초 冬蟲草 [dōng chóng cǎo]

해삼 海參 [hǎi shēn]

왕새우 大蝦 [dà xiā]

중하 中蝦 [zhōng xiā]

바닷가재 龍蝦 [lóng xiā]

전복 鮑魚 [bào yú]

상어 지느러미 魚翅 [yú chì]

제비집 燕窩 [yàn wō]

해파리 海蜇皮 [hǎi zhé pí]

조기 黃魚 [huáng yú]

게살 蟹肉 [xiè ròu]

꽃게 白蟹 [bái xiè]

오징어 魷魚 [yóu yú]

생패주 鮮貝 [xiān bèi]

마른패주 干貝 [gān bèi]

갑오징어 墨魚 [mò yú]

바지락 蛤蜊 [gé lí]

생굴 海蜊 [hǎi lí]

채소류

송이버섯 松茸 [sōng rǒng]

동고버섯 荖菇 [dōng gū]

초고버섯 草菇 [cǎo gū]

물밤 馬蹄 [mǎ dì]

죽순 竹筍 [zhú xún]

아스파라거스 蘆筍 [lú xǔn]

죽생 竹笙 [zhú shēng]

목이버섯 木耳 [mù ěr]

배추 白菜 [bái cài]

청채 靑菜 [qīng cài]

양상추 洋生菜 [yáng shēng cài]

브로콜리 西蘭花 [xī lán huā]

셀러리 芹菜 [qín cài]

시금치 菠菜 [bó cài]

가지 茄子 [qié zi]

피망 靑椒 [qīng jiāo]

고구마 地瓜 [dì guā]

오이 黃瓜 [huáng guā]

호박 方瓜 [fāng guā]

당근 胡蘿貝 [hú luó bèi]

무 蘿貝 [luó bèi]

부추 韭菜 [jiǔ cài]

토마토 蕃茄 [fān qié]

완두콩 豌豆 [wān dòu]

땅콩 花生 [huā shēng]

옥수수 玉米 [yù mǐ]

쌀 大米 [dà mǐ]

향채 香菜 [xiāng cài]

두부 豆腐 [dòu fǔ]

은행 百果 [bó guǒ]

과일류

사과 苹果 [píng guǒ]

배 梨 [lí]

감 柿子 [shì zǐ]

귤 橘子 [jú zǐ]

오렌지 橙子 [chéng zǐ]

레몬 檸檬 [níng méng]

포도 葡萄 [pú táo]

수박 西瓜 [xī guā]

딸기 草莓 [cǎo méi]

메론 哈密瓜 [hā mì guā]

바나나 香蕉 [xiāng jiāo]

키위 弥猴桃 [mí hóu táo]

복숭아 桃子 [táo zǐ]

참외 甜瓜 [tián guā]

파인애플 波羅 [bō luó]

망고 芒瓜 [máng guā]

앵두 櫻桃 [yīng táo]

리치 荔枝 [lì zhī]

용안 龍眼 [lóng yǎn]

방울토마토 小蕃茄 [xiǎo fān qié]

/참/고/문/헌/

- 全國烹飪專業系列敎材 中國名菜名点 (旅遊敎育出版社) 2004年11月. 著者:周曉燕
- 中華廚藝 京魯菜 (萬里機構 飮食天地出版社)2007年10月. 著者:中華廚藝學院
- 中國淮揚菜 (江蘇科學技術出版社) 2001年1月. 著者:王作生
- わかりやすい 中國料理 (株式會社 柴田書店) 2002年10月 著者: 松本秀夫
- 中國美食大師2 (浙江科學技術出版社) 2002年5月. 著者:丁章華
- 廣東風味家常菜(靑島出版社)2003年8月 著者: 陳緖榮
- 최신中國料理 (효일 출판사)2003年8月 著者: 崔松山
- 中國名料理 (효일 출판사)2009年2月. 著者: 崔松山
- 프로를 위한중국요리 (효일 출판사)2010年2月. 著者: 崔松山
- 중국 4대지방요리 (효일 출판사)2012年8月. 著者: 崔松山

⑥ 재료 전처리 과정

상어 지느러미(샥스핀) 전처리과정

1. 고급 중국요리에서 많이 사용하는 냉동 샥스핀이다. [그림 1]

2. 전처리 후 말려서 수입한 상품(上品)인 샥스핀이다. [그림 2]
   * 말린 샥스핀은 전처리 과정이 비교적 복잡하므로 간편하게 사용할 수 있는 냉동 샥스핀에 대해 설명한다.

3. 냉동 샥스핀의 양쪽 사이 부분을 잘라서 두툼한 부위는 잘라주고 끓는 물에 한번 데쳐서 깊은 팬에 담아놓는다. [그림 3~4]
   * 일반 슬라이스(채)로 판매하는 제품도 포함

4. 팬에 담아놓은 샥스핀에 파와 생강을 저며서 놓는다. [그림 5]

5. 육수를 끓여서 소금간과 고량주를 넣어 다시 끓여 파기름을 넣고, 찜통에 담아놓은 샥스핀에 붓는다. [그림 6]
   * 비율: 육수 3컵에 소금 2큰술, 고량주 또는 술 2큰술

6. 샥스핀(냉동) 종류에 따라 찜통에서 30분 또는 2~3시간 찐다. [그림 7]

7. 잘 쪄낸 샥스핀은 파와 생강을 건져내고, 요리 종류에 따라 사용한다. [그림 8]
   * 전처리 후 식혀서 냉동 보관한다.

재료

대파	3개
양파	½개
생강	1쪽
식용유	1ℓ

cōng yóu
葱油

파기름 만들기

1. 대파는 2등분으로 썰고, 생강은 크게 저며서 썰고, 양파는 껍질을 까서 준비한다. [그림 #재료]
   * 대파는 푸른 잎 부분만 사용해도 된다.

2. 먼저 팬에 기름을 담고 준비한 채소를 넣고 불을 켜고 채소가 노릇하게 튀겨지면 불을 끈다. [그림 1~3]

3. 기름이 식으면 채소를 건져서 버리고 용기에 담아서 사용한다. [그림 4~6]
   * 파 튀긴 향이 기름에 배어서 색상이 약간 진하게 변한다.

fā shēn
潑參

해삼 불리는 방법

1. 건해삼 불리기 전 상태 [그림 1]

2. 건해삼을 하루 정도 깨끗한 물에 담가 두었다가 다음날 끓는 물에 삶아서 식으면 다시 깨끗한 물로 갈아서 놓는다. [그림 2~3]
   * 이 과정이 2일째 되는 사진이다.

3. 두 배 정도 불면 가위로 안쪽을 잘라서 다시 깨끗한 물에 끓인다. [그림 4]

4. 다음날 해삼 내장을 깨끗이 제거하고 굵은 소금으로 비벼주며 깨끗이 씻어서 다시 끓인다. [그림 5~8]

5. 다음날 약간 혼탁해진 물을 갈아주고 끓이는 방법을 2~3일 정도 반복하면 해삼이 완전히 불려진다.

6. 전처리 과정 후 비교 상태 [그림 9~10]
   * 깨끗한 물로 몇 회 갈아주어 잘 불린 해삼은 골라서 사용하고 냉동 보관하여도 된다.

yuán tāng

原湯

재료	
닭(닭뼈)	1마리
소 사골	1kg
닭고기(다짐육)	500g
소고기(다짐육)	500g
대파	5개
생강	3쪽

1. 닭고기 살을 다지고, 쇠고기살도 잘 다져서 준비한다. [그림 1]

2. 육수 통에 6ℓ 정도의 물을 붓고 깨끗이 씻은 닭과 소 사골을 넣어 생강, 대파와 함께 센 불에 끓인다. [그림 2]

3. 1시간 정도 끓여준 뒤 불을 약하게 하여 거품을 걷어내고 파를 건져낸다. [그림 3]

4. 닭고기 다짐육과 소고기 다짐육을 순서대로 넣는다. [그림 4~5]

5. 중불에 30분 정도 끓여준 뒤 다시 거품을 거두어낸다. [그림6~7]

6. 조리망으로 다짐육을 건져 평평하게 눌러서(납작하게 만들어) 다시 탕 안에 넣고 중불에 끓인다. [그림 8~10]

7. 중불에 1시간 정도 천천히 끓여 주면 탕에서 나오는 잡물이 다짐육에 같이 달라붙어서 맑고 구수한 육수로 사용할 수 있다. 여기에 산초를 5g 정도 첨가해서 끓이면 잡냄새도 없어진다. [그림 11~12]

※ 原湯(원탕)은 老湯(로탕)이라고도 하며 중국요리에 전통적으로 이용했던 육수 뽑는 방식이다.

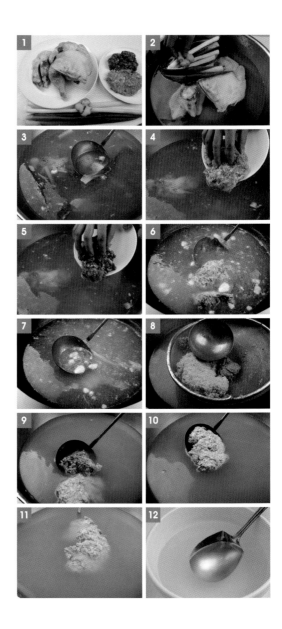

tī   jī
剔鷄

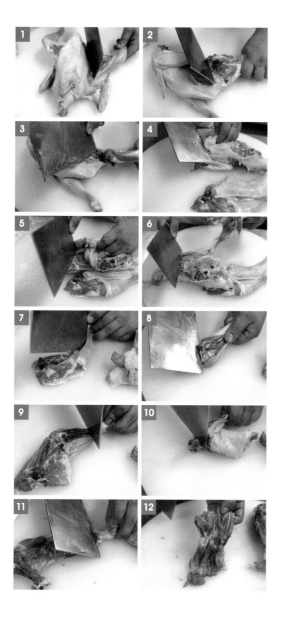

1. 먼저 닭의 양쪽 다리 사이에 칼집을 내고, 왼쪽다리 등 부위의 연골 뼈에 칼을 대 다리 잡은 손으로 잡아 당겨서 다리부위를 완전히 분리시킨다. [그림 1~3]

2. 닭 가슴살은 한손으로 날개를 잡고 날개와 목 사이의 뼈에 칼집을 내고, 다시 칼을 뼈에 대고 손 잡은 쪽으로 당겨주면 가슴살이 쉽게 분리된다. [그림 4~6]

3. 다리 밑쪽에서 위로 칼끝으로 뼈 사이에 칼집을 깊게 내고, 중간 뼈 사이를 절단한다. [그림 7~8]

4. 칼등으로 끝 부분의 뼈를 쳐서 절단한다. [그림 9]

5. 한손으로 다리 끝부분을 잡고 칼로 중간과 윗부분의 뼈를 제거한 뒤 마지막으로 끝부분에 붙은 뼈를 절단한다. [그림 10~12]

수험자 공통 유의사항

1) 조리작품 만드는 순서는 틀리지 않게 하여야 한다.

2) 숙련된 기능으로 맛을 내야하므로 조리작업 시 음식의 맛을 보지 않는다.

3) 지정된 수험자지참준비물 이외의 조리기구나 재료를 시험장내에 지참할 수 없다.

4) 지급재료는 시험 전 확인하여 이상이 있을 경우 시험위원으로부터 조치를 받고
   시험도중에는 재료의 교환 및 추가지급은 하지 않는다.

5) 다음과 같은 경우에는 채점대상에서 제외한다.

   ① 시험시간 내에 과제 두 가지를 제출하지 못한 경우 : 미완성

   ② 시험시간 내에 제출된 과제라도 다음과 같은 경우

   가. 문제의 요구사항대로 작품의 수량이 만들어지지 않은 경우 : 미완성

   나. 해당과제의 지급재료 이외의 재료를 사용한 경우 : 오작

   다. 구이를 찜으로 조리하는 등과 같이 조리방법을 다르게 한 경우 : 오작

   라. 불을 사용하여 만든 조리작품이 작품특성에 벗어나는 정도로 타거나
       익지 않은 경우 : 실격

   마. 가스레인지 화구 2개 이상 사용한 경우 : 실격

   바. 시험 중 시설·장비(칼, 가스레인지 등) 사용 시 감독위원 및 타수험자의
       시험 진행에 위협이 될 것으로 감독위원 전원이 합의하여 판단한 경우 : 실격

6) 항목별 배점은 위생상태 및 안전관리 5점, 조리기술 30점, 작품의 평가 15점이다.

2부

중식조리기능사
실기

해파리냉채 冷拌蜇皮

lěng bàn zhé pí

◆ 요구사항 조리시간 20분

※ 주어진 재료를 사용하여 해파리냉채를 만드시오.

가. 해파리는 염분을 제거하고 살짝 데쳐서 사용하시오.

나. 오이는 0.2cm×6cm 정도 크기로 어슷하게 채를 써시오.

다. 해파리와 오이를 섞어 마늘소스를 끼얹어 내시오.

◆ 수험자 유의사항

① 해파리는 끓는 물에 살짝 데친 후 사용하도록 한다.

② 냉채에 소스가 침투하게 하도록 하고 냉채는 함께 섞어 버무려 담는다.

주재료

해파리	150g
오이(가늘고 곧은 것, 20cm 정도)	1/2개

마늘소스

육수(또는 물)	75㎖
백설탕	15g
소금(정제염)	7g
식초	45㎖
마늘(중, 깐 것)	3쪽
참기름	5㎖

🔪 만드는 방법

1. 해파리는 묽은 소금을 제거하고 뜨거운 물에 살짝 데쳐서 흐르는 물에 담가 놓는다. [그림 1]

2. 30분 정도 물에 담가 놓으면 그림과 같이 손으로 만졌을 때 부드럽게 느껴진다. [그림 2]

3. 오이는 칼로 껍질을 조금씩 깎아내고 깨끗이 씻어 곱게 채로 썰어서 준비한다. [그림 3]

4. 해파리를 건져서 물기를 짠 뒤 오이채와 함께 잘 섞어 버무려 접시에 올려 담는다. [그림 4]

5. 차갑게 만든 마늘소스를 해파리 위에 골고루 끼얹는다. [그림 5]

🧂 마늘소스 만들기

육수에 설탕, 소금, 식초를 순서대로 넣어 간을 맞추고 여기에 다진 마늘과 참기름을 넣어 마늘소스를 만든다.

오징어냉채 lěng bàn mò yú 冷拌墨魚

◈ **요구사항** 조리시간 20분

※ 주어진 재료를 사용하여 오징어냉채를 만드시오.

가. 오징어 몸살은 종횡으로 칼집을 내어 3~4㎝
　　정도로 썰어 데쳐서 사용하시오.

나. 오이는 얇게 3㎝ 정도 편으로 썰어 사용하시오.

다. 겨자를 숙성시킨 후 소스를 만드시오.

◈ **수험자 유의사항**

① 오징어 몸살은 반드시 데쳐서 사용하여야
　　한다.

② 간을 맞출 때는 소금으로 적당히 맞추어야
　　한다.

주재료

갑오징어살(오징어 대체가능)..
.... 100g
오이(가늘고 곧은 것, 20cm
정도) 1/3개

겨자소스

겨자 20g
육수(또는 물) .... 20㎖
백설탕 15g
식초 .... 30㎖
소금(정제염) 2g
참기름 .... 5㎖

🍶 겨자소스 만들기

작은 볼에 겨자를 넣고 따뜻한 물에 개어서 밀봉하여 15분 정도 발효시킨 후 다시 식초와 설탕, 소금을 넣어 걸쭉하게 풀어준 뒤 참기름을 넣는다. [그림 1~4]

1. 오징어살은 안쪽으로 가로 0.2㎝ 간격으로 잔 칼집을 넣고, 칼집을 넣은 반대쪽으로 다시 세로 0.5㎝의 간격으로 어슷하게 칼집을 내어 길이 3~4㎝ 정도로 썬다. [그림 1~2]

2. 오이는 껍질을 살짝 깎아내고 깨끗이 씻어서 반으로 잘라서 얇게 3㎝ 정도 편으로 썬다. [그림 3~4]

3. 썰어 놓은 오징어살은 끓은 물에 살짝 데쳐서 찬물에 식힌 다음 물기를 빼고 오이와 보기 좋게 섞어서 완성접시에 담고 겨자소스를 만들어 약간 뿌리고 소스 볼에 겨자소스를 담아낸다. [그림 5~7]

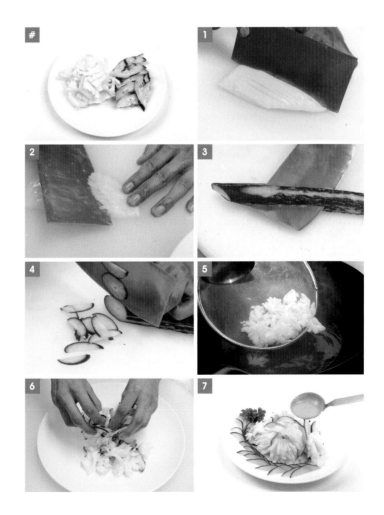

달걀탕 蛋花湯
dàn huā tāng

◈ 요구사항 조리시간 20분

※ 주어진 재료를 사용하여 달걀탕을 만드시오.

가. 대파와 표고버섯, 죽순은 4㎝ 정도의 채로 써시오.

나. 탕의 색이 혼탁하지 않도록 하시오.

다. 해삼, 돼지고기, 채소는 데쳐서 사용하시오.

◈ 수험자 유의사항

① 달걀이 뭉치지 않게 풀어 익힌다.

② 녹말가루의 농도에 유의한다.

주재료

건해삼(불린 것) 20g
돼지등심(살코기) 10g
달걀 1개

부재료

건표고버섯(지름 5cm 정도, 물
에 불린 것)...................... 1개
죽순(whole, 통조림, 고형분)...
.... 20g
팽이버섯 10g
대파(흰 부분, 6cm 정도)1토막

조미료

육수(또는 물) .... 450㎖
진간장 .... 15㎖
소금 4g
흰후춧가루 2g
참기름 .... 5㎖
녹말가루(감자전분) 15g

1. 불린 해삼은 길쭉하게 곱게 채 썰고 돼지고기도 가는 채로 썰어 놓는다. 채소도 가는 채로 썰어서 준비한다(달걀은 그릇에 잘 풀어놓는다). [그림 1~2]

2. 먼저 팬에 물을 붓고, 끓으면 파, 팽이버섯을 제외한 재료를 끓는 물에 데쳐준 뒤 팬에 육수를 붓고 간장과 파를 넣어 데쳐낸 재료와 팽이버섯을 넣고 끓인다. [그림 3]

3. 탕이 끓어오르면 거품을 걷어내고 소금, 후추로 간을 한 뒤 물 녹말을 넣고 달걀을 부드럽게 풀어 참기름을 두르고 그릇에 담아낸다. [그림 4~5]

새우완자탕 蝦仁丸湯

xiā rén wán tāng

◈ **요구사항** 조리시간 25분

※ 주어진 재료를 사용하여 새우완자탕을 만드시오.

가. 새우는 내장을 제거하여 다지고, 채소는 3cm
　　정도 크기 편으로 썰어 사용하시오.

나. 완자는 새우살과 달걀흰자, 녹말가루를 이용
　　하여 2㎝ 정도 크기로 6개 만드시오.

다. 완자는 손이나 수저로 하나씩 떼어 익히시오.

라. 국물은 맑게 하고, 양은 200㎖ 정도 내시오.

◈ **수험자 유의사항**

① 완자는 새우살을 잘 치대어 부드럽게 만들어야
　　한다.

② 완자를 만들 때 손이나 수저로 하나씩 떼어서
　　삶아 익히도록 한다.

주재료

작은새우살 100g

부재료

청경채 1포기
죽순(whole, 통조림, 고형분)...
.... 50g
양송이(whole, 큰 것) 1개
대파(흰 부분, 6cm 정도)1토막
달걀 1개
생강 5g

조미료

청주 .... 30㎖
소금 10g
진간장 .... 10㎖
검은 후춧가루 5g
참기름 .... 10㎖
녹말가루(감자전분) 30g
육수(또는 물) .... 400㎖

만드는 방법

1. 새우살은 내장을 제거하고 물기를 제거한 뒤 곱게 다져서(으깨서) 놓고, 모든 채소는 편으로 썰어서 준비한다. [그림 1]

2. 곱게 다진 새우살에 달걀흰자와 녹말가루를 넣고 소금, 청주, 생강(다진 것)과 잘 치대어 준다. [그림 2]

3. 팬에 육수를 붓고 끓으면 불을 약하게 조절한 뒤 손으로 새우살을 2㎝ 정도의 완자로 둥글게 빚어 수저로 하나씩 떼어서 넣고 익으면 잡물을 제거한다. [그림 3~4]

4. 새우완자가 잘 익으면 여기에 썰어놓는 채소와 조미료를 넣어 다시 한 번 끓여준 뒤 참기름을 두르고 그릇에 담아낸다. [그림 5]

탕수육 糖醋肉

táng cù ròu

◈ **요구사항** 조리시간 30분

※ 주어진 재료를 사용하여 탕수육을 만드시오.

가. 돼지고기는 길이를 4cm 정도로 하고 두께는 1cm 정도의 긴 사각형 크기로 써시오.

나. 채소는 편으로 써시오.

다. 튀김은 앙금녹말을 만들어서 사용하시오.

라. 소스는 달콤하고 새콤한 맛이 나도록 만드시오.

◈ **수험자 유의사항**

① 소스 녹말가루 농도에 유의한다.

② 맛은 시고 단맛이 동일하여야 한다.

주재료

돼지등심(살코기) 200g

부재료

달걀 1개
대파(흰 부분, 6cm 정도)1토막
양파(중, 150g 정도) ... 1/4개
당근 30g
오이(가늘고 곧은 것, 20cm 정도) 1/10개
건목이버섯 2개
완두콩(통조림) 15g

조미료

식용유 .... 800㎖
진간장 .... 15㎖
청주 .... 15㎖
백설탕 30g
식초 .... 50㎖
녹말가루(감자전분) 100g
육수(또는 물) .... 200㎖

1. 채소는 편으로 썰고, 목이버섯은 물에 불려서 먹기 좋은 크기로 뜯어 놓는다. [그림 1]

2. 돼지고기는 길이 4cm×두께 1cm 정도의 길이로 썰고, 생강즙, 간장, 청주로 밑간을 해놓는다. [그림 2]

3. 밑간 해둔 돼지고기에 달걀과 된 녹말을 넣어 반죽해서 튀김옷을 골고루 묻힌다. [그림 3]

4. 160℃의 튀김기름에 한 번 튀긴 뒤 다시 반복하여 튀겨 바삭하게 잘 튀겨 낸다. [그림 4]

5. 팬에 기름을 두르고 뜨거워질 때 양파를 넣어 볶다가 간장, 청주로 향을 내고 채소를 같이 넣어 볶는다. 여기에 육수를 붓고, 설탕, 식초로 간을 낸 뒤 소스가 끓으면 녹말물을 넣고 잘 저어 걸쭉해지면 튀긴 고기를 넣고 버무려서 낸다. [그림 5]

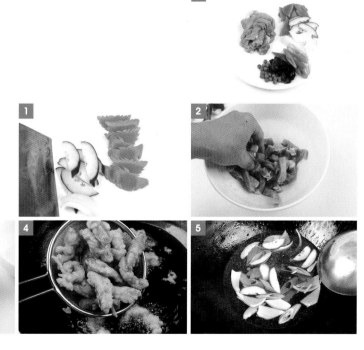

난자완스 南煎丸子

nán jiān wán zǐ

◆ **요구사항** 조리시간 25분

※ 주어진 재료를 사용하여 난자완스를 만드시오.

가. 완자는 직경 4cm 정도로 둥글고 납작하게 만드시오.

나. 채소크기는 4cm 정도 크기의 편으로 써시오 (단 대파는 3cm 정도).

다. 완자는 손이나 수저로 하나씩 떼어 팬에서 모양을 만드시오.

라. 완자는 갈색이 나도록 하시오.

◆ **수험자 유의사항**

① 완자는 갈색이 나도록 하여야 한다.

② 소스 녹말가루 농도에 유의하여야 한다.

주재료

돼지등심(다진 살코기) ..200g

부재료

건표고버섯(지름 5cm 정도, 물
에 불린 것) 2개
죽순(whole, 통조림, 고형분)...
.... 50g
청경채 1포기
대파(흰 부분, 6cm 정도)1토막
마늘(중, 깐 것) 2쪽
생강 5g
달걀 1개

조미료

진간장 .... 15㎖
청주 .... 20㎖
소금(정제염) 3g
검은 후춧가루 1g
녹말가루(감자전분) 100g
참기름 .... 5㎖
식용유 .... 800㎖
육수(또는 물) .... 200㎖

1. 채소는 4㎝ 크기의 편으로 썰고 마늘도 얇은 편으로, 생강
   은 곱게 다져서 놓는다. [그림 1]

2. 돼지고기는 곱게 다져서 간장, 청주를 넣어 밑간을 한 뒤
   달걀, 녹말을 넣고 잘 치대어 반죽해 놓는다. [그림 2~3]

3. 양념해서 반죽한 고기는 4㎝ 크기의 완자로 빚어 납작한
   모양으로 만들고 기름에서 갈색이 날 때까지 튀긴다. [그림
   4~5]

4. 팬에 기름을 두르고 뜨거워지면 대파와 생강, 마늘을 넣어
   볶다가 간장, 청주로 향을 내고 채소를 넣어 볶아준다. 여
   기에 육수를 부어 끓으면 튀긴 완자를 넣고 중불에 약간 조
   린 뒤 물녹말을 넣어 완성한다. [그림 6~7]

짜춘권 炸春捲

zhá   chūn   juǎn

◆ **요구사항** 조리시간 35분

※ 주어진 재료를 사용하여 짜춘권을 만드시오.

가. 작은 새우를 제외한 채소는 길이 4cm 정도로
    써시오.

나. 지단에 말이 할 때는 지름 3cm 정도 크기의
    원통형으로 하시오.

다. 짜춘권은 길이 3cm 정도 크기로 8개 만드시오.

◆ **수험자 유의사항**

① 새우의 내장을 제거하여야 한다.

② 타지 않게 튀겨 썰어내야 한다.

주재료

작은 새우살(내장이 있는 것)..
.... 30g
달걀 2개
돼지등심(살코기) 50g
건해삼(불린 것) 20g

부재료

양파(중, 150g 정도) ... 1/2개
죽순(whole, 통조림, 고형분)...
.... 20g
건표고버섯(지름 5cm 정도, 물
에 불린 것) 2개
조선부추 30g
대파(흰 부분, 6cm 정도)1토막
생강 5g

조미료

검은 후춧가루 2g
진간장 .... 10㎖
청주 .... 20㎖
소금(정제염) 2g
밀가루(중력분) 20g
녹말가루(감자전분) 15g
참기름 .... 5㎖
식용유 .... 800㎖

1. 돼지고기, 해삼은 같은 굵기로 채 썰고 부추는 4㎝ 정도의 길이로 썰어 놓는다. [그림 1]

2. 달걀은 물녹말을 약간 넣고 소금 간하여 그릇에 넣고 거품이 일지 않도록 잘 풀어서 원형으로 지단을 부친다.

3. 팬에 기름을 두르고 뜨거워지면 양파 조금과 생강, 고기를 넣어 볶다가 간장, 청주를 넣어 향을 내고 고기가 익으면 표고버섯, 죽순, 해삼, 새우를 넣고 간한 다음 부추를 넣어 접시에 담는다. [그림 2]

4. 밀가루는 물에 잘 개어 놓는다. [그림 3]

5. 달걀지단 바깥쪽으로 밀가루 갠 것을 고루 발라준 다음 속 재료를 길게 놓고 김밥 말듯이 둥글게 말아서 160℃의 튀김 기름에 살짝 튀겨낸다. [그림 4~5]

6. 튀겨낸 짜춘권은 3㎝ 정도의 길이로 썰어서 보기 좋게 접시에 담는다. [그림 6]

마파두부
má pó dòu fŭ
麻婆豆腐

◈ **요구사항** 조리시간 25분

※ 주어진 재료를 사용하여 마파두부를 만드시오.

가. 두부는 1.5㎝ 정도의 주사위 모양으로 써시오.

나. 두부가 으깨어지지 않게 하시오.

다. 고추기름을 만들어 사용하시오.

◈ **수험자 유의사항**

① 두부가 으깨어지지 않아야 한다.

② 녹말가루 농도에 유의하여야 한다.

주재료

두부 150g
돼지등심(다진 살코기) .. 50g

부재료

홍고추(생) 1개
대파(흰 부분, 6cm 정도)1토막
마늘(중, 깐 것) 2쪽
생강 5g

조미료

고춧가루 15g
두반장 10g
진간장 .... 10㎖
육수(또는 물) .... 100㎖
백설탕 5g
검은 후춧가루 5g
녹말가루(감자전분) 15g
참기름 .... 5㎖
식용유 .... 20㎖

1. 뜨거운 기름에 고춧가루를 풀어 넣어 고추기름을 만들어 사용한다. [그림 1]

2. 두부는 1.5㎝ 정도 정방형으로 썰고, 대파와 홍고추, 마늘, 생강 등 채소는 모두 잘게 썰어 놓는다. [그림 2~3]

3. 두부는 먼저 끓는 물에 데쳐 놓는다. [그림 4]

4. 팬에 고추기름을 두르고 뜨거워지면 파, 생강, 마늘과 다진 돼지고기를 넣어 볶다가 간장, 두반장을 넣고 볶은 다음 육수와 후추, 설탕을 넣고 끓인다. [그림 5~6]

5. 데쳐낸 두부를 육수에 넣어 끓이다가 물녹말을 풀어 걸쭉하게 농도를 맞춘 뒤 참기름을 넣어 섞어서 접시에 잘 담는다. [그림 7]

홍쇼두부 紅燒豆腐

hóng shāo dòu fǔ

◈ **요구사항** 조리시간 30분

※ 주어진 재료를 사용하여 홍쇼두부를 만드시오.

가. 두부는 사방 5㎝, 두께 1㎝ 정도의 삼각형으로 써시오.

나. 채소는 편으로 써시오.

다. 두부는 으깨어지거나 붙지 않게 하고 갈색이 나도록 하시오.

◈ **수험자 유의사항**

① 두부는 으깨지지 않게 갈색이 나도록 하여야 한다.

② 녹말가루 농도에 유의하여야 한다.

주재료

두부 150g
돼지등심(살코기) 50g
달걀 1개

부재료

건표고버섯(지름 5cm 정도, 물
에 불린 것) 2개
죽순(whole, 통조림, 고형분)...
.... 30g
청경채 1포기
홍고추(생) 1개
양송이(whole, 통조림, 큰 것)..
.... 2개
대파(흰 부분, 6cm 정도)1토막
마늘(중, 깐 것) 3쪽
생강 5g

조미료

식용유 .... 500㎖
진간장 .... 15㎖
청주 .... 5㎖
육수(또는 물) .... 100㎖
녹말가루(감자전분) 10g
참기름 .... 5㎖

1. 두부는 사방 5㎝×두께 1㎝ 정도의 삼각모양으로 썰어놓고, 돼지고기는 납작하게 편으로 썰어 준비한다(채소도 편으로 썰고, 생강은 다져서 준비한다). [그림 1]

2. 편으로 썬 돼지고기는 간장, 청주로 밑간하여 달걀과 녹말로 잘 버무려 놓는다. [그림 2]

3. 삼각모양으로 썬 두부는 뜨거운 기름에 노릇하게 튀겨주고, 밑간한 돼지고기도 튀겨낸다. [그림 3~4]

4. 팬에 기름을 두르고 뜨거워지면 대파, 생강, 마늘을 넣어 향을 내고 채소를 넣어 볶은 후 육수를 붓고 양념 간을 한다. [그림 5]

5. 소스가 끓으면 튀겨낸 두부와 고기를 넣고 물녹말을 넣어 걸쭉하게 어울리면 참기름을 둘러 버무려 낸다. [그림 6~7]

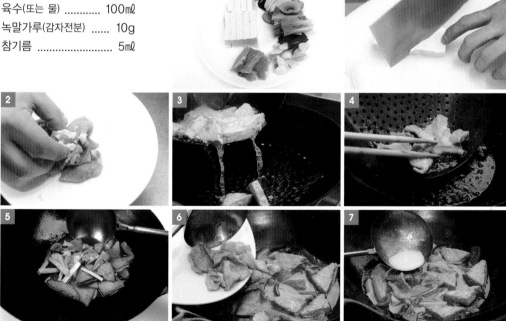

부추잡채 炒韮菜
chǎo jiǔ cài

◈ **요구사항** 조리시간 20분

※ 주어진 재료를 사용하여 부추잡채를 만드시오.

가. 부추는 6㎝ 정도의 길이로 써시오.

나. 고기는 0.3㎝×6㎝ 길이로 써시오.

다. 고기는 간을 하여 초벌 하시오.

◈ **수험자 유의사항**

① 채소의 색이 퇴색되지 않도록 한다.

주재료

부추(중국부추, 호부추).. 150g
돼지등심(살코기) 50g

조미료

식용유 .... 200㎖
청주 .... 15㎖
소금(정제염) 5g
참기름 .... 5㎖
녹말가루(감자전분) 30g
달걀 1개

1. 부추는 깨끗이 씻어 6㎝ 정도의 길이로 자른다. [그림 1]

2. 돼지고기는 얇게 저민 후 결대로 길이 6㎝×두께 0.3㎝로 채 썰어 간장, 청주를 넣어 밑간을 한 다음 달걀, 녹말에 잘 버무린다. [그림 2]

3. 팬에 고기가 잠길 만큼의 기름을 넣고 고기를 중불에서 익혀낸다. [그림 3]

4. 팬에 기름을 두르고 뜨거워지면 부추의 흰 부분을 먼저 넣고 향이 나면 청주를 넣어 볶다가 나머지 푸른 부분을 넣고 볶는다. [그림 4]

5. 부추에 소금 간을 하고 여기에 익혀낸 고기를 넣어 참기름을 두르고 볶아낸다. [그림 5~6]

채소볶음 炒蔬菜

chǎo shū cài

◈ **요구사항** 조리시간 25분

※ 주어진 재료를 사용하여 채소볶음을 만드시오.

가. 모든 채소는 길이 4㎝ 정도의 편으로 써시오.

나. 대파, 마늘, 생강을 제외한 모든 채소는 끓는 물에 살짝 데쳐서 사용하시오.

◈ **수험자 유의사항**

① 팬에 붙거나 타지 않게 볶아야 한다.

② 재료에서 물이 흘러나오지 않게 색을 살려야 한다.

만드는 방법

주재료

건표고버섯(지름 5cm 정도, 물
에 불린 것) 2개
죽순(whole, 통조림, 고형분)...
..........................30g
당근 50g
셀러리 30g
청피망(중, 75g 정도)... 1/3개
청경채 1개
양송이(통조림, whole, 큰 것)..
.... 2개

부재료

대파(흰 부분, 6cm 정도)1토막
생강 5g
마늘(중, 깐 것) 1쪽

조미료

식용유 .... 45㎖
진간장 .... 5㎖
청주 .... 5㎖
소금(정제염) 5g
참기름 .... 5㎖
흰후춧가루 2g
녹말가루(감자전분) 20g
육수(또는 물) .... 50㎖

1. 건표고버섯은 불리고, 대파, 마늘, 생강을 제외한 모든 채
   소는 4㎝ 정도의 편으로 썬다. [그림 1]

2. 대파는 4㎝ 길이로 굵게 썰고 마늘, 생강도 편으로 썰어 놓
   는다.

3. 대파, 마늘, 생강을 제외한 모든 채소를 끓는 물에 살짝 데
   쳐 놓는다. [그림 2]

4. 팬에 기름을 두르고 뜨거워지면 대파와 생강, 마늘을 넣어
   향이 나면 간장(약간), 청주를 넣어 볶다가 데쳐 낸 채소를
   넣어 볶는다. [그림 3~4]

5. 볶은 채소에 육수를 부어 소금, 후추로 간을 한 뒤 녹말물
   로 농도를 맞추고 참기름을 넣어 살짝 버무려 낸다. [그림 5]

탕수생선살 糖醋魚塊

táng cù yú kuài

◈ **요구사항** 조리시간 30분

※ 주어진 재료를 사용하여 탕수생선을 만드시오.

가. 생선살은 1cm×4cm 크기로 썰어 사용하시오.

나. 채소는 편으로 써시오.

◈ **수험자 유의사항**

① 튀긴 생선은 바삭함이 유지되도록 한다.

② 소스 녹말가루 농도에 유의한다.

주재료

흰 생선살(껍질 벗긴 것, 동태
또는 대구) 150g

부재료

당근 30g
오이(가늘고 곧은 것, 20cm
정도) 1/6개
건목이버섯 2개
완두콩 20g
파인애플(통조림) 1쪽
달걀 1개

조미료

식용유 .... 600㎖
육수(또는 물) .... 300㎖
진간장 .... 30㎖
백설탕 100g
식초 .... 60㎖
녹말가루(감자전분) 100g

1. 흰 생선살은 길이 4㎝×두께 1㎝ 정도의 길이로 썰고, 당근, 양파, 오이는 편으로 썰기하고, 목이버섯은 물에 불려서 먹기 좋은 크기로 뜯어 놓는다(파인애플은 4등분해서 준비한다). [그림 1]

2. 흰 생선살에 달걀과 된녹말을 넣어 반죽해 튀김옷을 골고루 묻혀서 기름에 2~3회 정도 튀긴다. [그림 2~3]

3. 팬에 기름을 넣어 뜨거워질 때 간장으로 향을 내어 채소를 같이 넣어 볶다가, 여기에 육수(또는 물), 설탕, 식초를 넣고 소스가 끓으면 녹말물을 넣어 걸쭉해지면 튀긴 생선을 섞어 넣고 버무려서 낸다. [그림 4~5]

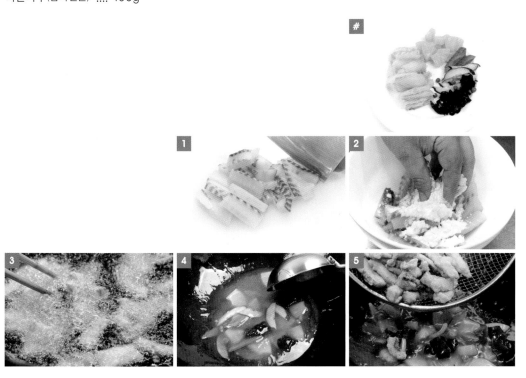

양장피잡채

chǎo ròu iǎng zhāng pí
炒肉兩張皮

◈ **요구사항** 조리시간 35분

※ 주어진 재료를 사용하여 양장피 잡채를 만드시오.

가. 양장피는 4㎝ 정도로 하시오.

나. 고기와 채소는 5㎝ 정도 길이의 채를 써시오.

다. 겨자는 숙성시켜 사용하시오.

라. 볶은 재료와 볶지 않는 재료의 분별에 유의하여 담아내시오.

◈ **수험자 유의사항**

① 접시에 담아 낼 때 모양에 유의하여야 한다.

② 볶음 재료와 볶지 않는 재료의 분별에 유의하여야 한다.

주재료

양장피	1/2장
달걀	1개
돼지등심(살코기)	50g
새우살(소)	50g
갑오징어살(오징어 대체가능)	
	50g
건해삼(불린 것)	60g

부재료

당근	30g
오이(가늘고 곧은 것, 20cm 정도)	1/3개
건목이버섯	3개
조선부추	30g
양파(중, 150g 정도)	1/2개

조미료

겨자	10g
백설탕	30g
식초	50㎖
육수(또는 물)	30㎖
소금(정제염)	3g
진간장	5㎖
식용유	50㎖
참기름	5㎖

✎ 만드는 방법

※ 겨자소스 만들기: 겨자는 따뜻한 물에 개어서 발효시킨 후 설탕, 소금, 식초로 간을 하고 참기름을 넣어 겨자소스를 만든다(오징어냉채 참고).

※ 달걀지단 만들기: 달걀은 소금을 약간 넣어 지단을 부쳐서 곱게 채 썬다(짜춘권 참고).

1. 갑오징어는 칼집을 내고, 돼지고기와 양파는 채 썰고, 목이버섯은 물에 불려서 뜯어 놓고, 부추는 5㎝ 길이로 자르고 새우는 삶아 놓는다. [그림 1~2]

2. 모든 재료(달걀 지단)는 곱게 채로 썰어 접시 가장자리에 순서대로 가지런히 돌려 담고 양장피는 끓는 물에 데쳐서 부드러워지면 찬물에 헹구어 접시 가운데 담는다. [그림 3~4]

3. 팬에 기름을 두르고 뜨거워지면 고기와 채소를 같이 넣어 간을 하여 볶는 뒤 양장피 위에 얹어낸다. [그림 5~6]

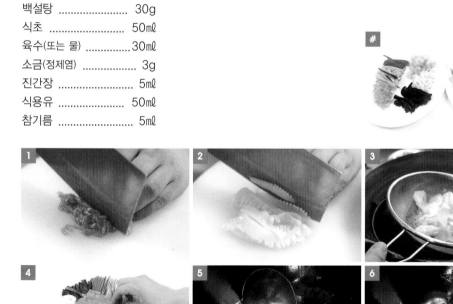

깐풍기 gān pēng jī 干烹鷄

◆ **요구사항** 조리시간 30분

※ 주어진 재료를 사용하여 깐풍기를 만드시오.

가. 닭은 뼈를 발라낸 후 사방 3cm 정도 사각형으로
　　써시오.

나. 닭을 튀기기 전에 튀김옷을 입히시오.

다. 채소는 0.5cm×0.5cm로 써시오.

◆ **수험자 유의사항**

① 프라이팬에 소스와 혼합할 때 타지 않도록
　하여야 한다.

② 잘게 썬 채소의 비율이 동일하여야 한다.

주재료

닭다리(중닭, 1200g짜리)... 1개

부재료

청피망(중, 75g 정도)... 1/2개
홍고추(생) 1개
대파(흰 부분, 6cm 정도) 2토막
마늘(중, 깐 것) 3쪽
생강 5g
달걀 1개

조미료

식용유 .... 800㎖
육수(또는 물) .... 45㎖
진간장 .... 15㎖
청주 .... 15㎖
소금(정제염) 10g
백설탕 15g
식초 .... 15㎖
검은 후춧가루 1g
참기름 .... 5㎖
녹말가루(감자전분) 100g

1. 닭다리는 뼈를 발라낸 후 사방 3cm 정도 사각형으로 썰어 놓고, 채소는 다져서 준비한다. [그림 1~4]

2. 썰어 놓은 닭은 밑간하여 달걀, 된녹말을 넣어 160℃ 정도의 기름에 두세 번 바삭하게 튀겨준다. [그림 5~6]

3. 팬에 기름을 두르고 뜨거워지면 다진 채소를 넣어 고루 볶은 뒤 간장, 청주로 향을 내고 육수와 조미료를 넣어 간을 맞춘다. [그림 7]

4. 끓어오르면 튀긴 닭을 넣고 빨리 볶아 참기름을 치고 버무려 낸다. [그림 8]

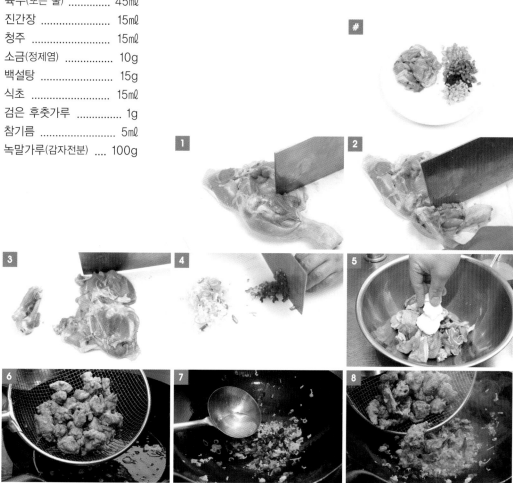

라조기 là jiāo jī 辣椒鷄

◆ 요구사항 [조리시간] [30분]

※ 주어진 재료를 사용하여 라조기를 만드시오.

가. 닭은 뼈를 발라낸 후 5cm×1cm 정도의 길이로
써시오.

나. 채소는 5cm×2cm 정도의 편으로 써시오.

◆ 수험자 유의사항

① 소스 농도에 유의한다.

② 채소색이 퇴색되지 않도록 한다.

주재료

닭다리(중닭, 1200g짜리)... 1개

부재료

홍고추(건) 1개
건표고버섯(지름 5cm 정도, 물
에 불린 것) 1개
죽순(whole, 통조림, 고형분)...
.... 50g
청피망(중, 75g 정도)... 1/3개
청경채 1포기
양송이(whole, 통조림, 큰 것)..
.... 1개
대파(흰 부분, 6cm 정도)2토막
마늘(중, 깐 것) 1쪽
생강 5g
달걀 1개

조미료

고추기름 .... 10㎖
진간장 .... 30㎖
청주 ....15㎖
육수(또는 물) .... 200㎖
검은 후춧가루 1g
소금 5g
녹말가루(감자전분) 100g
식용유 .... 900㎖

✎ 만드는 방법

1. 닭다리는 뼈를 제거하여 5㎝ 정도 길이로 썰고, 채소는 편
으로 썰어 놓는다. 건 홍고추는 2㎝ 정도 크기로 썰어서 준
비한다. [그림 1~2]

2. 썰어놓은 닭고기에 밑간하여 달걀과 된녹말로 튀김옷을 입
혀 160℃의 기름에 두세 번 바삭하게 튀겨준다. [그림 3~4]

3. 팬에 고추기름을 두르고 뜨거워지면 건고추와 파, 생강, 마
늘을 넣어 향을 내어 간장, 청주와 채소를 넣어 볶아준 뒤
육수를 붓는다. [그림 5]

4. 육수가 끓으면 양념 간을 하고 여기에 튀긴 닭을 넣어 물녹
말을 풀어 버무려 낸다. [그림 6~7]

고추잡채 靑椒肉絲

qīng jiāo ròu sī

◆ **요구사항** 조리시간 25분

※ 주어진 재료를 사용하여 고추잡채를 만드시오.

가. 주재료의 피망과 고기는 5㎝ 정도 채로 써시오.

나. 고기에 간을 하여 초벌 하시오.

◆ **수험자 유의사항**

① 팬이 완전히 달구어진 다음 기름을 둘러 코팅 처리를 하여야 한다.

② 피망의 색깔이 선명하도록 너무 볶지 말아야 한다.

주재료

돼지등심(살코기) 100g

부재료

청피망(중, 75g 정도) 1개
양파(중, 150g 정도) ... 1/2개
건표고버섯(지름 5cm 정도, 물
에 불린 것) 2개
죽순(whole, 통조림, 고형분)...
.... 30g
달걀 1개

조미료

진간장 .... 15㎖
청주 .... 5㎖
소금(정제염) .... 5㎖
참기름 .... 5㎖
식용유 .... 45㎖
녹말가루(감자전분) 15g

1. 돼지고기는 얇게 저며서 5㎝ 길이로 채 썰고, 채소도 가늘게 채 썬다. [그림 1]

2. 돼지고기에 간장, 청주로 밑간한 다음 달걀과 된녹말을 묻혀 기름에 익혀낸다. [그림 2~3]

3. 팬에 기름을 두르고 뜨거워지면 양파를 약간 넣고 간장, 청주로 향을 내어 순서대로 채소를 볶다가 소금 간하고, 익혀낸 고기를 넣어 같이 볶아낸다. [그림 4~5]

새우케찹볶음 茄汁蝦仁

qié zhī xiā rén

◆ **요구사항** 조리시간 **25분**

※ 주어진 재료를 사용하여 다음과 같이 새우케찹볶음을
　만드시오.

가. 새우 내장을 제거하시오.

나. 당근과 양파는 1㎝ 정도 크기의 사각으로 써시오.

수험자 유의사항

① 튀긴 새우는 타거나 설익지 않도록 한다.

② 녹말가루 농도에 유의하여야 한다.

만드는 방법

주재료

새우살(내장이 있는 것) ....
.... 200g

부재료

당근 30g
양파(중, 150g 정도) ... 1/4개
대파(흰 부분, 6cm 정도)1토막
완두콩 10g
생강 5g
달걀 1개
이쑤시개 1개

조미료

식용유 .... 800㎖
청주 .... 30㎖
진간장 .... 15㎖
토마토케찹 50g
백설탕 10g
소금(정제염) 2g
육수(또는 물) .... 100㎖
녹말가루(감자전분) 100g

1. 새우는 이쑤시개로 내장을 빼낸 후 물기를 제거해 놓는다. 당근, 양파는 사방 1㎝ 정도의 사각형으로 썰고, 대파, 생강도 다져서 놓는다. [그림 1]

2. 새우에 달걀, 된녹말을 넣어 반죽한 뒤 160℃ 온도의 기름에 두세 번 정도 바싹 튀긴다. [그림 2~3]

3. 팬에 기름을 두르고 뜨거워지면 대파, 생강을 넣어 볶다가 청주와 채소를 같이 넣어 볶은 뒤 육수를 붓고 토마토케찹, 설탕을 넣는다. [그림 4~5]

4. 소스가 끓으면 물녹말을 풀고 튀긴 새우를 넣고 버무려서 접시에 담는다. [그림 6]

#

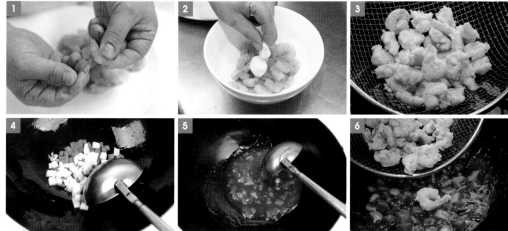

물만두 shuǐ jiǎo zǐ 水餃子

◈ **요구사항** 조리시간 35분

※ 주어진 재료를 사용하여 물만두를 만드시오.

가. 만두피는 찬물에 반죽하시오.

나. 만두피의 크기는 직경 6㎝ 정도로 하시오.

다. 만두는 8개 만드시오.

◈ **수험자 유의사항**

① 만두 속은 알맞게 넣어 피가 찢어지지 않게 한다.

② 만두피는 밀대로 만들어야 한다.

주재료

돼지등심(살코기)	50g
조선부추	30g
대파(흰 부분, 6cm 정도)	1토막
생강	5g

만두피재료

밀가루(중력분)	100g
소금(정제염)	10g
물	50㎖

조미료

진간장	10㎖
청주	5㎖
소금(정제염)	10g
검은 후춧가루	3g
참기름	5㎖

1. 돼지고기 다진 것은 생강, 간장, 청주, 소금, 후추, 파 다진 것과 같이 잘 치대어 고기를 부드럽게 풀어준 뒤 여기에 송송 썬 부추를 넣어 섞어준다. [그림 1~3]

2. 밀가루는 찬물에 소금을 넣고 반죽을 하여 젖은 면포로 덮어둔 뒤 다시 잘 치대어서 가래떡처럼 길게 늘려 떼어서 둥글고 얇게 직경 6㎝ 정도의 만두피를 만든다. [그림 4~7]

3. 만두피 안에 소를 적당히 떠놓고 반으로 접어 꼭 눌러 붙인 다음 가운데가 볼록한 삼각형이 되도록 빚는다. [그림 8~9]

4. 끓는 물에 만두를 넣고 삶아 끓어오르면 물을 조금씩 끼얹어 주고, 완전히 익으면 건져내어 찬물에 담갔다가 접시에 담고 국물을 잘박하게 부어낸다. [그림 10~11]

증교자 蒸餃子

zhēng jiǎo zǐ

◆ **요구사항** 조리시간 35분

※ 주어진 재료를 사용하여 증교자(蒸餃子)를 만드시오.

가. 증교자의 주름은 한 방향으로 다섯 개 이상 잡으시오.

나. 만두피는 익반죽으로 하시오.

다. 만두길이는 7cm 정도로 하고, 6개를 만들어 접시에 담아내시오.

◆ **수험자 유의사항**

① 만두 속은 알맞게 넣어 피가 찢어지지 않게 한다.

② 만두피는 밀대로 밀어서 만들어야 한다.

주재료

돼지등심(다진 살코기) 50g
조선부추 30g
대파(흰 부분, 6cm 정도)1토막
생강 5g

만두피재료

밀가루(중력분) 100g
소금(정제염) 10g
물 .... 50㎖

조미료

굴소스 .... 10㎖
진간장 .... 20㎖
청주 .... 10㎖
소금 10g
검은 후춧가루 5g
참기름 .... 5㎖

1. 돼지고기 다진 것에 조미료 양념과 파 다진 것을 넣고 잘 치대어 고기를 부드럽게 풀어준 뒤 여기에 송송 썬 부추를 넣어 섞어준다. [그림 1~3]

2. 밀가루는 끓는 물에 소금 약간을 넣고 반죽하여 젖은 면포로 덮어 둔 뒤 다시 잘 치대어서 가래떡처럼 길게 늘려 밤알 크기만큼 떼어서 둥글고 얇게 직경 7㎝ 정도의 만두피를 만든다. [그림 4~6]

3. 만두피에 만두소를 적당히 담아 왼손에 올려놓고 오른쪽 엄지와 두 번째 손가락으로 집어가며 주름을 만들어 만두피에 붙여준다. [그림 7~10]

4. 찜통에 담아서 김이 오른 찜통에 8분간 쪄낸다. [그림 11]

새우볶음밥 蝦仁炒飯

xiā rén chǎo fàn

◆ **요구사항** 조리시간 30분

※ 주어진 재료를 사용하여 새우볶음밥을 만드시오.

가. 새우는 내장을 제거하고 데쳐서 사용하시오.

나. 채소는 0.5cm 정도 크기의 주사위 모양으로 써시오.

다. 완성된 볶음밥은 질지 않게 하여 전량 제출하시오.

◆ **수험자 유의사항**

① 밥은 질지 않게 짓도록 한다.

② 밥과 재료는 볶아 보기 좋게 담아낸다.

주재료

쌀(30분 정도 물에 불린 쌀) ....
.... 150g
작은 새우살 30g

부재료

달걀 1개
대파(흰 부분, 6cm 정도)1토막
당근 20g
청피망(중, 75g 정도)... 1/3개

조미료

식용유 .... 30㎖
소금 5g
흰후춧가루 5g

1. 불린 쌀은 질지 않게 지어둔다. 모든 채소는 작게 다지듯이 썰고 달걀은 풀어놓고 새우는 미리 삶아서 준비한다. [전처리과정 #]

2. 잘 달구어진 팬에 기름을 넣고 풀어둔 달걀을 넣는다. 국자로 달걀을 조금씩 저어서 볶은 뒤 밥을 넣고 볶는다. [그림 1~2]

3. 밥이 적당히 볶아지면 채소와 새우를 넣고 소금 간을 한 다음 몇 번 더 볶아서 접시에 담아낸다. [그림 3~4]

유니짜장면 zhá jiàng miàn 炸醬麵

◆ **요구사항** 조리시간 30분

※ 주어진 재료를 사용하여 유니짜장면을 만드시오.

가. 춘장은 기름에 볶아서 사용하시오.

나. 양파, 호박은 0.5cm×0.5cm 정도 크기의 네모꼴로 써시오.

다. 중화면은 끓는 물에 삶아 찬물에 헹군 후 데쳐 사용하시오.

라. 삶은 면에 짜장소스를 부어 오이채를 올려내시오.

◆ **수험자 유의사항**

① 면이 불지 않도록 유의 한다.

② 짜장소스의 농도에 유의한다.

만드는 방법

주재료

돼지등심(다진 살코기) .. 50g
중화면(생면) 150g
춘장 50g

부재료

양파(중, 150g 정도) 1개
호박(애호박) 50g
오이(가늘고 곧은 것, 20cm 정
도) 1/4개
생강 10g

조미료

식용유 .... 100㎖
소금 10g
진간장 .... 50㎖
청주 .... 50㎖
백설탕 20g
녹말가루(감자전분) 50g
참기름 .... 10㎖
육수(또는 물) .... 200㎖

1. 양파와 호박은 작은 사각 모양으로 썰고, 생강은 다지고, 등심고기도 곱게 다져놓는다. [전처리과정 #]

2. 먼저 기름에 춘장을 타지 않게 잘 볶아준다. [그림 1]

3. 팬에 기름을 넣고 뜨거워지면 먼저 다진 생강과 고기를 넣어 볶다가 간장, 청주를 넣어 향을 내고 고기가 익으면 양파와 호박을 넣고 잘 익도록 고루 볶아준다. [그림 2]

4. 양파가 충분히 익으면 기름에 볶아낸 춘장을 적당히 넣고 골고루 볶은 뒤 조미료(소금, 설탕)와 육수를 넣고, 끓으면 녹말물로 걸쭉하게 하여 참기름을 둘러 낸다. [그림 3]

5. 잘 삶아낸 중화면은 끓는 물에 데쳐서 그릇에 담아 짜장소스를 붓고 곱게 썬 오이채를 올려 담는다. [그림 4~5]

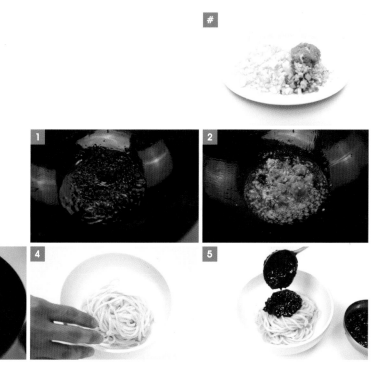

울면 溫滷麵

wēn lǔ miàn

◈ **요구사항** 조리시간 30분

※ 주어진 재료를 사용하여 울면을 만드시오.

가. 오징어, 대파, 양파, 당근, 배추잎은 6cm 정도
　　길이로 채써시오.

나. 중화면은 끓는 물에 삶아 찬물에 헹군 후
　　데쳐 사용하시오.

다. 소스는 농도를 잘 맞춘 다음, 달걀을 풀 때
　　뭉치지 않게 하시오.

◈ **수험자 유의사항**

① 모든 채소는 크기가 일정하게 한다.

② 건목이버섯은 불려서 사용한다.

주재료

중화면(생면) 150g
오징어(몸통) 50g
작은 새우살 20g

부재료

양파(중, 150g 정도) ... 1/4개
조선부추 10g
대파(흰 부분, 6cm 정도)1토막
마늘(중, 깐 것) 3쪽
당근 20g
배춧잎(1/2잎) 20g
건목이버섯 1개
달걀 1개

조미료

진간장 .... 5㎖
소금 5g
청주 .... 30㎖
참기름 .... 5㎖
흰후춧가루 3g
녹말가루(감자전분) 20g
육수(또는 물) .... 500㎖

1. 모든 채소는는 채 썰어 준비한다. [그림 1]

2. 중화면은 끓는 물에 삶아 찬물에 헹군 후 데쳐서 준비한다. [그림 2]

3. 팬에 육수를 붓고 간장, 청주, 파를 넣어 끓이다가 모든 재료를 넣고 소금, 후춧가루로 간을 한다. [그림 3~4]

4. 탕이 끓으면 잡물을 걷어 낸 뒤 녹말물로 걸쭉하게 농도를 맞추고 여기에 달걀을 잘 풀어주고 참기름을 둘러 국수에 부어낸다. [그림 5]

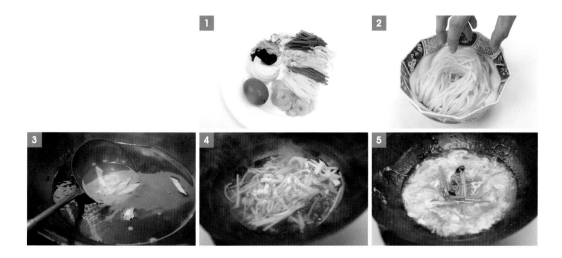

◆ 요구사항 [조리시간] [30분]

※ 주어진 재료를 사용하여 경장육사를 만드시오.

가. 돼지고기는 길이 5㎝ 정도의 얇은 채로 썰고,
    간을 하여 초벌하시오.

나. 춘장은 기름에 볶아서 사용하시오.

다. 대파 채는 길이 5㎝ 정도로 어슷하게 채 썰어
    매운맛을 빼고 접시 위에 담으시오.

◆ 수험자 유의사항

① 돼지고기 채는 고기의 결에 따라 썰도록
   한다.

② 짜장소스는 죽순채, 돼지고기채와 함께 잘
   섞여져야 한다.

주재료

돼지등심(살코기) ... 150g
달걀 1개

부재료

죽순(whole, 통조림, 고형분)
.... 100g
대파(흰 부분, 6cm 정도).....
.... 3토막
생강 5g
마늘(중, 깐 것) 1쪽

조미료

춘장 50g
식용유 .... 300㎖
백설탕 30g
굴소스 .... 30㎖
진간장 .... 30㎖
청주 .... 30㎖
참기름 .... 5㎖
녹말가루(감자전분) .. 50g
육수(또는 물) .... 30㎖

1. 돼지고기와 죽순, 마늘, 생강은 채로 썰어놓고, 대파는 깨끗이 씻어서 가는 채로 썰어서 물그릇에 10분 정도 담가놓았다가 건져서 접시 가장자리에 소복이 올려놓는다. [그림 1]

2. 팬에 춘장이 잠길 정도의 기름을 넣고, 120℃ 정도의 기름에 춘장을 볶아준다. [그림 2]

3. 썰어 놓은 돼지고기는 간장, 청주로 밑간 한 뒤 달걀과 된녹말을 넣고 버무려서 중불에서 뭉치지 않도록 튀겨낸다. [그림 3~4]

4. 팬에 기름을 넣어 뜨거워지면 마늘, 생강을 넣고 간장, 청주로 향을 내어 여기에 죽순과 볶아낸 춘장을 넣어 간을 한 뒤 육수를 넣는다. 소스가 끓으면 물녹말을 넣고 튀겨낸 고기를 넣어 죽순과 잘 섞어준 뒤 파채 위에 소복이 올려 담는다. [그림 5~7]

빠스고구마 拔絲地瓜
bǎ sī dì guā

◆ **요구사항** `조리시간` `25분`

※ 주어진 재료를 사용하여 빠스고구마를 만드시오.

가. 고구마는 껍질을 벗기고 먼저 길게 4등분을 내고,
　　다시 4㎝ 정도 길이의 다각형으로 돌려 썰기 하시오.

나. 튀김이 바삭하게 되도록 하시오.

◆ **수험자 유의사항**

① 시럽이 타거나 튀긴 고구마가 타지 않도록
　한다.

주재료

고구마(300g 정도) 1개

부재료

백설탕 100g
식용유 .... 1000㎖

🔪 만드는 방법

1. 고구마는 껍질을 벗기고 먼저 길게 4등분을 내고 다시 4㎝ 크기의 다각형으로 돌려 썰어서 놓는다. [그림 1~2]

2. 150℃ 정도의 튀김기름에 국자로 저어가며 4~5분간 노릇노릇하게 바싹 튀긴다. [그림 3~4]

3. 팬에 기름을 약간 두르고 뜨거워지면 설탕을 넣고, 중불에 녹여서 갈색이 나는 시럽을 만든다. [그림 5~6]

4. 시럽에 튀긴 고구마를 넣고 잘 버무려서 달라붙지 않게 식혀서 완성접시에 담는다. [그림 7~8]

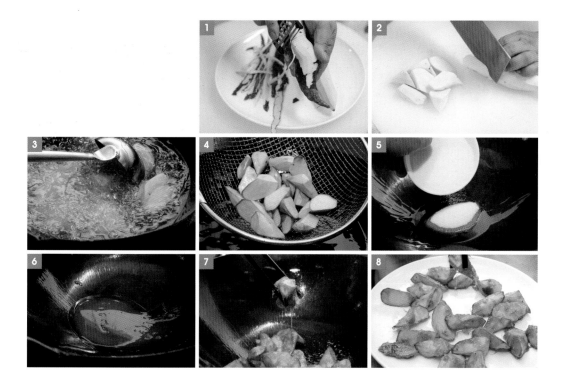

빠스옥수수 拔絲玉米

bǎ sī yù mǐ

◆ **요구사항** 조리시간 25분

※ 주어진 재료를 사용하여 빠스옥수수를 만드시오.

가. 완자의 크기를 직경 3㎝ 정도의 공 모양으로 하시오.

나. 설탕시럽은 타지 않게 만드시오..

다. 빠스옥수수는 6개 만드시오.

라. 땅콩은 다져 옥수수와 함께 버무려 사용하시오.

◆ **수검자 유의사항**

① 팬에 설탕이 타지 않아야 한다.

② 완자 모양이 흐트러지지 않아야 하며 타지 않아야 한다.

🔪 만드는 방법

주재료

옥수수(통조림, 고형분)...120g
달걀 1개
밀가루(중력분) 80g
땅콩 7알

빠스시럽

식용유 .... 500㎖
백설탕 50g

1. 옥수수는 물기를 제거한 후 다져주고, 땅콩도 으깨서 옥수수와 같이 섞는다. [그림 1~2]

2. 용기에 담은 옥수수에 달걀과 밀가루를 같이 섞어서 잘 버무려준다. [그림 3~4]

3. 140℃ 정도의 튀김온도에 옥수수반죽을 호두알 크기만큼 직경 3㎝ 정도의 완자를 만들어 노릇하게 튀긴다. [그림 5~6]

4. 팬에 기름을 두르고 중불에서 설탕을 넣어 갈색이 나는 시럽이 되면 튀긴 옥수수를 넣고 빨리 버무린 후 서로 달라붙지 않게 한 뒤 접시에 담는다. [그림 7~9]

3부

식품조각기초 및
작품사진

꽃 조각 모음

당근

비트

무

오이

무

대파

비트

비트

무

무

당근

가지

호박	비트	무
양파	작은 무	당근
작은 무	홍고추	단호박
무	비트	비트

저자소개

최송산

- 서울프라자호텔 중식조리장
- 조리기능장 실기 감독위원 위촉
- 中國靑島 烹飮大師(중국청도조리명장)
- 현 혜전대학 호텔조리외식계열 교수

이경수

- 식품기술사, 조리기능사, 조리산업기사 감독위원
- 대구카톨릭대학교 식품가공학과 이학박사
- 현 영남이공대학교 식음료조리계열 교수

한진순

- 경기대학교 외식경영학과 석사
- 현 GFAC 수도조리직업전문학교 호텔조리 학과장

기초 중국요리

발 행 일	2016년 8월 10일 초판 발행 2018년 8월 6일 2쇄 발행
저 자	최송산·이경수·한진순
발 행 인	김홍용
펴 낸 곳	도서출판 **효일**
디 자 인	에스디엠
주 소	서울시 동대문구 용두동 102-201
전 화	02) 460-9339
팩 스	02) 460-9340
홈페이지	www.hyoilbooks.com
E-mail	hyoilbooks@hyoilbooks.com
등 록	1987년 11월 18일 제6-0045호
정 가	17,000원
I S B N	978-89-8489-404-4